电工技能实训

主　编　张安彬　袁玉奎　欧汉文
副主编　程　彬　屈　琼　陈伦红
参　编　甘洪敬　蒋荣东　郑能仁　李兆琰

北京理工大学出版社
BEIJING INSTITUTE OF TECHNOLOGY PRESS

内容简介

本书共 8 个单元，主要包括电的基本认识与安全用电、万用表的使用、直流电路、电容与电感、单相正弦交流电、三相正弦交流电路、家用照明电路、车床控制线路等内容。本书模块设计符合中职学生的特点，由易到难讲解各知识点。

另外，本书中的每个单元均设有"思考与练习"模块，以加深学生对电工基础知识的理解，使学生进一步掌握电工的基本操作技能。本书突出了知识的应用，体现"必需、够用"的原则，知识和技能的安排从简单到复杂，从单一到综合，符合学生的认知规律。

本书可作为中等职业学校机电一体化和相关专业的教学用书，也可作为相关专业工程技术人员的岗位培训教材。

版权专有　侵权必究

图书在版编目（CIP）数据

电工技能实训／张安彬，袁玉奎，欧汉文主编. --北京：北京理工大学出版社，2021.11

ISBN 978-7-5763-0637-8

Ⅰ. ①电… Ⅱ. ①张… ②袁… ③欧… Ⅲ. ①电工技术-中等专业学校-教材 Ⅳ. ①TM

中国版本图书馆 CIP 数据核字（2021）第 222387 号

出版发行／北京理工大学出版社有限责任公司

社　　址／北京市海淀区中关村南大街 5 号

邮　　编／100081

电　　话／（010）68914775（总编室）

（010）82562903（教材售后服务热线）

（010）68944723（其他图书服务热线）

网　　址／http：//www.bitpress.com.cn

经　　销／全国各地新华书店

印　　刷／定州市新华印刷有限公司

开　　本／889 毫米×1194 毫米　1/16

印　　张／13　　　　　　　　　　　　　　　　责任编辑／陆世立

字　　数／262 千字　　　　　　　　　　　　　　文案编辑／陆世立

版　　次／2021 年 11 月第 1 版　2021 年 11 月第 1 次印刷　　责任校对／周瑞红

定　　价／37.00 元　　　　　　　　　　　　　　责任印制／边心超

图书出现印装质量问题，请拨打售后服务热线，本社负责调换

前言

创新精神和实践能力是对新时期高素质人才的基本要求，也是素质教育的一个重要内容。在信息技术飞速发展、竞争日益激烈的今天，中职教育必须加强对学生创新意识和实践能力的培养。随着电工基本实践技能的积累，自然会产生创新意识；随着实践技能的增强，创新意识也会随之提高。为满足目前电工实训的要求，适应时代发展的需要，培养和提高学生电工基本操作能力，特编写了本书。

本书根据教育部中等职业教育的培养目标，以就业为导向，以培养技能型人才为出发点进行编写。本书具有以下特色：

1. 反映新时代教学改革成果。教材以《教育部关于职业院校专业人才培养方案制订与实施工作的指导意见》、教育部关于印发《职业院校教材管理办法》的通知为指导，符合技术技能人才成长规律和学生认知特点，对接国际先进职业教育理念，适应人才培养模式创新和课程体系优化的需要，全面反映新时代产教融合、校企合作、创新创业教育等方面的教学改革成果。

2. 本书以职业工作为导向，以培养学生的职业综合能力为目标，实现课程内容与专业标准对接，教学过程与生产过程对接。本书结合中职教学培养应用型人才的特点，在理论阐述的过程中密切联系工程实际，具有很强的实用性。

3. 本书突出职业教育特色，以能力培养为目标，具有较强的实用性。在知识讲解上削枝强干，力求理论联系实际，减少复杂的数学推导和运算，注重培养学生的创新意识和实践能力，使学生通过实际应用来掌握电学原理。

4. 在内容的选取上，坚持体现职业需求和行业发展的趋势和要求，与技术标准、技术发展及产业实际紧密联系；努力体现职业教育改革的取向，以能力为本位，贴近实际工作过程；力求与电力行业的职业规范和中级电工职业技术鉴定标准相对接。

5. 新形态一体化教材，实现教学资源共建共享。发挥"互联网+教材"的优势，提供配套教学课件、电子教案、教学视频等供任课教师使用，便于学生即时学习和个性化学习，也有助于教师借此创新教学模式。

6. 校企"双元"合作开发教材，实现校企协同"双元"育人。教材紧跟电类产业发展趋势和行业人才需求，及时将产业发展的新技术、新规范纳入教材内容，并吸收行业企业技术人员、能工巧匠等深度参与教材编写。

为了便于教学，本书采用模块化设计方式，依据工学结合的职业教育思想、职业成长规律，将各工作任务分解为多个子任务，并配备了工作页（实训任务工单）。配备的工作页（实训任务工单）将学习与工作紧密结合，并以"学习的内容是工作，通过工作实现学习"为宗旨，以此促进学习过程的系统化，并使教学过程更贴近企业生产实际。本书突出了工作页对学生实操过程的指导作用，以达到学生只要使用工作页便可基本掌握整个工作过程的效果。

全书包括 8 个单元，主要介绍电和安全用电的基本知识、万用表的使用、直流电路的知识、电容与电感的相关知识、单相正弦交流电路与三相正弦交流电路的知识，家用照明电路的相关知识，以及车床控制线路。另外，本书每个单元均设置了"思考与练习"模块，以帮助学生进一步理解与掌握本模块所学的知识与操作技能。

编者在编写本书的过程中大胆尝试、勇于创新，力求将专业理论知识与职业技能、职业能力高度融合，充分体现综合性、实践性、过程性、情境化的特征，使其更加符合一体化教学的需要。

由于编者水平和实践经验有限，加之时间仓促，书中疏漏和不足之处在所难免，恳请有关专家和广大读者批评指正。

目录

单元 1　电的基本认识与安全用电 1
1.1　电的基本认识 1
1.2　了解电工实训室 3
1.3　安全用电常识 8

单元 2　万用表的使用 16
2.1　MF47 型万用表简介 16
2.2　主要技术指标 17
2.3　使用方法及注意事项 18

单元 3　直流电路 22
3.1　电路的组成与电路图 22
3.2　电路的基本物理量 23
3.3　欧姆定律 25
3.4　电功率与电能 31
3.5　电阻的串联与并联 32
3.6　基尔霍夫定律及应用 35

单元 4　电容与电感 39
4.1　电容器 39
4.2　电感器 46
4.3　电磁感应 49

单元 5　单相正弦交流电 60
5.1　单相正弦交流电的产生 60
5.2　正弦交流电的相关参数 61
5.3　单一参数的正弦交流电路 63
5.4　R、L、C 串联交流电路 66

单元 6　三相正弦交流电路 68
6.1　三相正弦交流电的产生 68
6.2　三相电源的联结方式 70
6.3　三相负载的联结方式 71
6.4　三相异步电动机 75

单元 7　家用照明电路 87
7.1　常用电工工具概述 87
7.2　导线的选择与连接 95
7.3　照明电路的组成 100
7.4　照明电路的安装 113

单元 8　车床控制线路 117
8.1　电动机正、反转控制线路 117
8.2　位置控制线路 119
8.3　顺序控制线路与多地控制线路 121
8.4　降压启动控制线路 123
8.5　电气控制系统在运行中的常见故障 125
8.6　CA6140 车床电气控制线路 126

参考文献 130

单元 1

电的基本认识与安全用电

学习目标

1. 了解电的基本知识。
2. 了解电工实训室的构成。
3. 了解安全操作规程。
4. 掌握触电急救的方法。

1.1 电的基本认识

1.1.1 电的应用

随着科学技术的不断发展,电能已成为人类使用最多、最方便的能源。电与人们的生活息息相关。没有电,人们便无法使用手机、上网等。图1-1为生活中常用的电器产品。

图1-1 生活中常用的电器产品

1.1.2 电能的产生

电能在自然界不是自然存在的,而是由其他形式的能量转化得到的。下面介绍常见的电能产生过程。

1. 电池

电池可以将化学能转化为电能。常见的电池有干电池、蓄电池、太阳能电池等，如图1-2所示。其中，干电池的应用最为广泛。

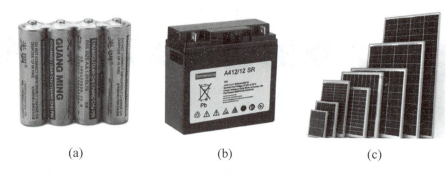

图1-2 常见的电池

（a）干电池；（b）蓄电池；（c）太阳能电池

2. 大规模发电

常见的大规模发电方式有风力发电、水力发电、火力发电和核能发电。风力发电站、水力发电站、火力发电站和核电站分别先将风能、水能、热能、核能转化为电能，然后通过电网将转化来的电能传输给生产、生活中的各种用电设备。此外，人们也在不断创新发电模式，如太阳能发电、地热发电等。

1.1.3 直流电和交流电

根据形式和特性不同，电能可分为直流电和交流电两种。

1. 直流电

直流电是指大小和方向均不随时间发生周期性变化的电压或电流，用符号"—"或"DC"表示。

直流电可以通过化学反应产生，也可以由直流发电机产生。例如，各种电池产生的就是直流电。此外，还可以利用特定的电路将交流电转化为直流电。图1-3所示的计算机电源、适配器等即可以将交流电转化为直流电。

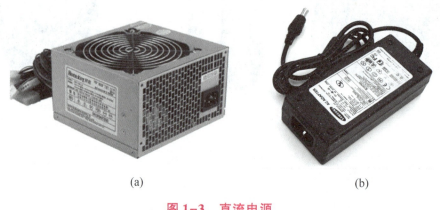

图1-3 直流电源

（a）计算机电源；（b）适配器

2. 交流电

交流电是指大小和方向随时间发生周期性变化的电压或电流，用符号"~"或"AC"表示。

交流电是生产、生活中应用最多的电能形式。例如，家用电器大多采用单相交流电，工业生产则大多采用三相交流电。

1.2　了解电工实训室

1.2.1　走进电工实训室

电工实训室的每个工位都有一个实训操作台，如图1-4所示。实训操作台一般由台面、控制面板、网孔板等组成。在控制面板上装有交流电源箱、直流电源箱，显示输出电压的电压表，显示输出电流的电流表，漏电保护装置等仪器、仪表。学生应在教师的带领下进入电工实训室，对电工实训室的布局、设备设施有一个初步的了解。

图1-4　电工实训室及实训操作台

走近实训操作台，可以清晰地看到其各个组成部分及细节。下面对实训操作台进行详细介绍。

1）实训操作台的控制面板如图1-5所示。

图1-5　实训操作台的控制面板

2）控制面板交流电源箱的输入和输出部分如图1-6所示。

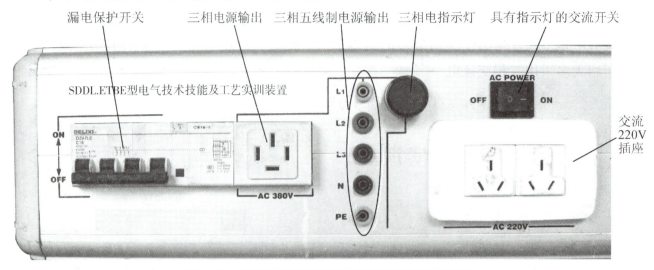

图1-6　控制面板交流电源箱的输入和输出部分

小贴士

实训操作台的送电、停电操作

1）送电：先闭合实训操作台带有漏电保护的总低压断路器（向上推），再闭合实训操作台各分路开关，最后闭合实训操作台电路控制开关。

2）停电：与送电流程顺序相反，这里不再赘述。

3）控制面板的直流电源箱输出部分和急停按钮如图1-7所示。

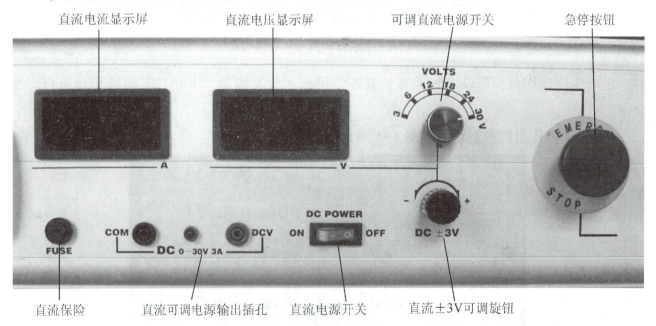

图1-7　控制面板的直流电源箱输出部分和急停按钮

注意：在紧急情况下应直接按下急停按钮，以避免设备或人身事故的发生！

4）不锈钢网孔板如图1-8所示。不锈钢网孔板可自由摘下，方便实训操作。

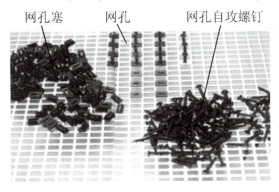

图1-8　不锈钢网孔板

1.2.2　认识常用电工工具和仪器、仪表

在电工实训中，经常用到各类电工工具和仪器、仪表。下面主要介绍电工实训中常用电工工具、仪器、仪表的名称、功能及用途，使学生对这些工具有一个初步的认识。

1. 常用电工工具

常用电工工具是一般电工岗位经常使用的工具。电气操作人员必须掌握常用电工工具的结构、性能和正确的使用方法。常用的电工工具有钢丝钳、尖嘴钳、斜口钳、剥线钳、螺钉旋具、镊子、扳手、电烙铁、电工刀、验电笔等，如表1-1所示。

表1-1　常用电工工具的功能及用途

名称	图示	功能及用途
钢丝钳		钢丝钳是用于剪切或夹持导线、金属丝及工件的钳类工具。钢丝钳的规格有150mm、175mm和200mm这3种，均带有橡胶绝缘套管，适用于500V以下的带电作业
尖嘴钳		尖嘴钳也是电工常用的工具之一，它的头部尖细小，特别适合狭小空间的操作，功能与钢丝钳相似
斜口钳		斜口钳主要用于剪切导线、元器件多余的引线，还常用于剪切绝缘套管、尼龙扎线卡等
剥线钳		剥线钳用于剥削直径在6mm以下的塑料电线线头或橡胶电线线头的绝缘层
螺钉旋具		螺钉旋具是用来紧固或拆卸螺钉的工具，可分为一字形和十字形两种。一字形螺钉旋具主要用来旋动一字槽形的螺钉，十字形螺钉旋具主要用来旋动十字槽形的螺钉

续表

名称	图示	功能及用途
镊子		镊子是电工电子维修中经常使用的工具，常用于夹持导线、元器件及集成电路引脚等
扳手		扳手是一种常用的安装与拆卸工具，是利用杠杆原理拧转螺栓、螺钉、螺母的手工工具
电烙铁		电烙铁是电子制作和电器维修的必备工具，主要用途是焊接元器件及导线。其按结构可分为内热式电烙铁和外热式电烙铁两种，按功能可分为焊接用电烙铁和吸锡用电烙铁两种
电工刀		电工刀可用于剖削导线的绝缘层、电缆绝缘层、木槽板等
验电笔		验电笔简称电笔，是用来检查测量低压导体和电气设备外壳是否带电的一种常用工具。验电笔常做成小型螺钉旋具结构

2. 常用电工仪器、仪表

在电工职业岗位中，电工测量是不可缺少的一项重要工作，通过借助各种电工仪器、仪表对电气设备或电路的相关物理量进行测量，以便了解和掌握电气设备的特性及运行情况，检查电气元器件的质量。可见，了解电工仪器、仪表的功能及用途是十分有必要的。常用电工仪器、仪表的功能及用途如表1-2所示。

示波器的基本功能

表1-2　常用电工仪器、仪表的功能及用途

名称	图示	功能及用途
万用表		万用表是用来测量直流电流、直流电压、交流电压和电阻等的电工仪表，常见的有指针式万用表和数字式万用表两种
示波器	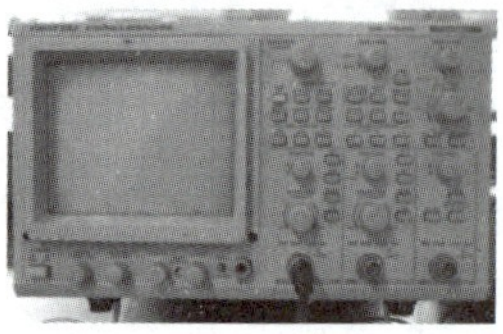	示波器是用来测量被测信号波形、幅度和周期的仪器
钳形电流表		钳形电流表是一种不需要断开电路即可直接测量较大工频交流电流的便携式仪表

续表

名称	图示	功能及用途
信号发生器		信号发生器又称信号源或振荡器,能够产生多种波形,如三角波、锯齿波、矩形波、正弦波等,在电路实验和设备检测中具有十分广泛的用途
兆欧表		兆欧表又称绝缘电阻表或摇表,是专门用于测量绝缘电阻的仪表,它的计量单位是兆欧(MΩ),主要用来检测供电线路、电动机绕组、电缆、电气设备等的绝缘电阻,以便检验其绝缘性能的好坏

常用电工仪器、仪表日常使用维护的注意事项如下:

1)电工仪器、仪表应定期进行校验和调整,并应定期用干布擦拭,保持清洁。

2)搬运电工仪器、仪表时应小心,轻拿轻放,以防止损坏其轴承和游丝。电工仪器、仪表的装拆工作应在切断电源后进行。

3)电工仪器、仪表接入电源前,应估计电路上要测的电压、电流等是否在最大量程内。其引线必须适当,要能负担测量时的负载而不致过热,并不致产生很大的电压降而影响电工仪器、仪表的读数。

4)在使用电工仪器、仪表时,应注意调零,使指针指在起始位置(零点)。若指针不指零位,可旋转欧姆调零旋钮,使指针回到零点位置;若指针转动不灵活,应考虑进行检修。由于使用不当而将指针撞弯,不能旋转欧姆调零旋钮调节零位时,必须拆开修理。

5)电工仪器、仪表不能随便加润滑油,更不能用普通食用油或其他油脂代替润滑油,这样会损坏电工仪器、仪表。

6)电工仪器、仪表发生故障时,应送相关单位进行修理。

7)电工仪器、仪表存放的地方,温度应保持在10℃~30℃;不能将电工仪器、仪表放在炉子旁或其他温度变化较大的场所,相对湿度应在30%~80%。周围空气应清洁,没有过多尘土,并不含有酸、碱腐蚀性气体。在南方还应注意在黄梅季节时加强对电工仪器、仪表存放条件的检查,防止线圈发霉与零件生锈。

1.2.3 实训室安全操作规程

在实训过程中,安全操作规程是保护人身与设备安全、确保实训顺利进行的重要制度。进入电工实训室后,要严格按照电工实训室安全操作规程进行操作。电工实训室的安全操作规程如下:

1)实训前,应根据要求做好器材、工具准备和检查工作。

2)实训时严格按实训章程安全操作,防止触电事故和其他安全事故的发生,保证人身和设备的安全。

3）实训课不迟到、不早退，不做与实训课内容无关的事。按训练目标、实训步骤进行操作，并完成相应的实训报告。

4）注意保管好自己的器材、工具，以防损坏或遗失。

5）爱护国家财产，按操作规则使用仪器设备，如有损坏，按有关规定执行。

6）每次实训结束后，应关闭所有电源，将工具、仪器、仪表按规定摆放整齐。

7）爱护实训室，保持实训室的清洁卫生，每次实训课后，应认真清洁实训设施及实训场地。

8）及时填写相关记录表。

1.3 安全用电常识

安全用电常识

在日常用电操作过程中，人体触电的事故时有发生。其中一个重要原因就是缺乏安全用电常识和违反安全操作规程。在人体触电后，抢救不及时或急救处置不当，均会造成人员二次伤害。因此，掌握安全用电常识是十分必要的。

1.3.1 安全用电基本知识

1. 电流对人体的伤害

当电流通过人体时，电流会对人体产生热效应、化学效应及刺激作用等生物效应，影响人体的功能。严重时，可损伤人体，甚至危及人的生命。

（1）电流对人体造成伤害的相关因素

电流对人体伤害的严重程度与通过人体电流的大小、频率、持续时间、通过人体的路径及人体电阻的大小等多种因素有关。

不同电流大小下人体的反应如表1-3所示。

表1-3 不同电流大小下人体的反应

电流大小	对应的人体感觉
100～200μA	对人体无害，甚至能治病
1mA 左右	引起麻的感觉
不超过 10mA 时	人尚可摆脱电源
超过 30mA 时	感到剧痛，神经麻痹，呼吸困难，有生命危险
达到 100mA 时	很短时间使人心跳停止

（2）电流对人体造成伤害的分类

根据伤害程度的不同，电流对人体的伤害一般分为两种类型：电击伤与电灼伤。

1）电击伤：电流流过人体时对人体内部造成的伤害，主要破坏人的心脏、肺及神经系统。电击的危险性最大，绝大部分触电死亡事故是由电击造成的。

2）电灼伤：电弧对人体外表造成的伤害，主要是局部的热效应、光效应，轻者只见皮肤灼伤，严重者的灼伤面积大并可深达肌肉、骨骼。常见的电灼伤有灼伤、烙伤和皮肤金属化等，严重时可危及人的生命。

2. 事故原因分析

（1）缺乏安全意识引起的触电事故

缺乏安全意识是造成电气事故的主要原因之一，如图1-9所示。在生产生活中私自乱拉、乱接电线，盲目安装、修理线路或电器用具；家用电器的金属外壳未接地线；用湿手或湿布接触、擦拭灯具等均有可能引起触电事故。

图1-9 缺乏安全意识引起的触电事故

（a）私自乱拉、乱接电线；（b）家用电器的金属外壳未接地线
（c）湿手或湿布摸擦灯具；（d）亭状的铁结构架上端碰到高压线

（2）违章作业引起的触电事故

违章作业引起的触电事故一般是操作时没有严格按照安全操作规程的要求进行造成的。图1-10为作业车拖动的钻机塔架顶部搭在距离地面不足10m的电线上，很容易造成触电事故。

(3) 电气设备安装不符合要求引起的事故

电气设备安装不符合要求引起的事故常见的是由于电线接触不良引起的事故，如图1-11所示。

图1-10 钻机塔架搭在电线上

图1-11 电线接触不良引起火灾

(4) 设备有缺陷或故障引起的事故

设备有缺陷或故障是产生电气事故的一个重要原因，如某供电局在处理配电事故时，柱上多油断路器突然爆炸，燃烧的油落在操作工人身上，造成工人烧伤，就是由设备故障引起的事故。

3. 触电的类型

在人们的日常生活和工作中，触电是常见的一类事故。触电主要指人体接触到带电物体，导致有电流流过人体，从而对人体产生伤害的现象。

根据电流通过人体的路径和触及带电体的方式，一般可将触电分为单相触电、两相触电和跨步电压触电等，如表1-4所示。

表1-4 人体触电的类型

名称	图示	含义
单相触电		当人体某一部位与大地接触，另一部位与一相带电体接触时，电流从相线经人体到地（或中性线）形成回路而发生的触电

续表

名称	图示	含义
两相触电		发生触电时，人体的不同部位同时触及两相带电体。两相触电时，电流直接经人体构成回路。此时，流过人体的电流大小完全取决于电流路径和供电电网的电压
跨步电压触电		当带电体接地，有电流流入地下时，电流在接地点周围土壤中产生电压降。人在接地点周围时，两脚之间出现的电位差即为跨步电压。由此造成的触电称为跨步电压触电。跨步电压触电时，电流仅通过身体下半部分，基本上不通过人体的重要器官，故一般不危及生命，但人体感觉相当明显。当跨步电压较高时，流过两下肢的电流较大，易导致两下肢肌肉强烈收缩，此时如身体重心不稳，极易跌倒而造成电流流过人体的重要器官（心脏等），引起人身死亡事故

4. 预防触电的措施

预防触电的措施主要有以下几种：

1）在使用家用电器的过程中，要使其插头部位的地线与地面或其他具有接地效果的物体保持良好接触，只有这样才能防止家用电器外表面或漏电对人身造成的伤害。

2）在维修家庭电路或用电设备时，首先应确保电源已经断开，并且在操作之前，要用测电设备（如验电笔）测试，以确保设备或线路安全。在对设备或电器进行维修时，最好佩戴绝缘手套和其他具有保护措施的装备，如绝缘手环等。

3）当用电设备需要维修时，应该请专业人员进行维修，做到不私自拆装用电设备。某些用电设备即使在断电的情况下自身仍会带电，维修时应谨慎。

4）养成良好的用电习惯。例如，用电设备在不使用时应当切断电源；插座等用电设备的连接部位应保持稳固接触，防止产生电火花，电路的裸露部位应及时进行包裹处理，防止对人身造成伤害。

5）在用电过程中，如果发生熔丝烧断的情况，更换时应当选择电流或功率与烧断熔丝匹配的熔丝，不可以用其他类型熔丝或铁丝代替，同时应检查周边用电设备，排除用电设备的短路故障。

6）不要在高压设备，特别是超高压电线塔附近活动。过高的电压会在人靠近时产生跨步电压触电，危害相当大，因此与高压设备保持合理距离至关重要。

1.3.2 触电急救方法

当发现有人触电时，首先要尽快使触电者脱离电源，然后根据触电情况采取相应的急救措施。

（1）使触电者脱离电源

施救者应根据不同场景采取适当的措施，既要达到使触电者脱离电源的目的，又要保障自身的安全。使触电者脱离低压电源的方法可用"拉""切""挑""拽""垫"5个字来概括，如表1-5所示。

表1-5 使触电者脱离低压电源的方法

触电现场处理方法	图示	操作要领
拉	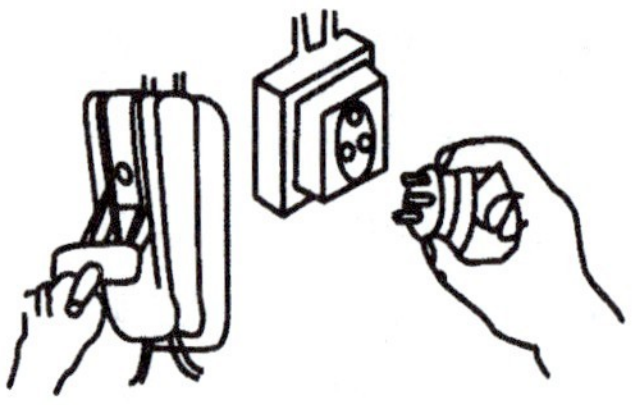	如果电源开关或插座在触电地点附近，可立即关闭开关或拔出插头，断开电源
切	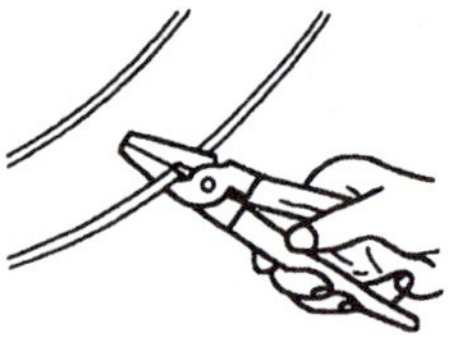	如果电源开关或插座距离触电现场较远，可用有绝缘柄的电工钳等工具切断电源。切断时应防止带电导线断落触及周围的人体
挑		如果导线落在触电者身上或被压在身下，可用干燥的绳索、木棒等绝缘物拉开触电者或挑开导线，使触电者脱离电源
拽		救护人员可戴上绝缘手套或在手上包缠干燥的衣服等绝缘物品拖拽触电者，使其脱离电源。如果触电者的衣服是干燥的，又没有紧缠在身上，可以用一只手抓住触电者的衣服，使其脱离电源
垫		如果触电者由于痉挛手指紧握导线或导线缠绕在身上，可先用干燥的木板插入触电者身下，使其与地绝缘，然后采取其他办法切断电源

（2）脱离电源后的急救

在触电者脱离电源后，应在现场就地检查和抢救，并呼叫急救车，抢救措施如下：

1）将触电者移至通风干燥的地方，使触电者仰卧，松开衣服和腰带，检查瞳孔是否放大，呼吸和心跳是否存在。

2）对于失去知觉的触电者，若其呼吸微弱，或呼吸停止而有心跳，应采用口对口人工呼吸法进行抢救。

3）对于有呼吸、心跳微弱或无心跳者，应采用胸外心脏挤压法进行抢救。

具体触电急救方法如表1-6所示。

表1-6　具体触电急救方法

急救方法	实施方法	图示
简单诊断	1. 将脱离电源的触电者迅速移至通风、干燥处，将其仰卧，松开上衣和裤带。 2. 观察触电者的瞳孔是否放大。当处于假死状态时，人体大脑细胞严重缺氧，处于死亡边缘，瞳孔自行放大。 3. 观察触电者有无呼吸存在，摸一摸颈部的颈动脉有无搏动	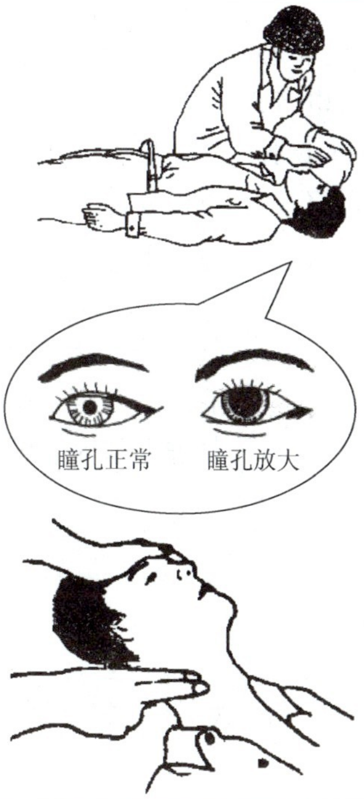
对于有心跳而呼吸停止的触电者，应采用口对口人工呼吸法进行急救	1. 使触电者仰天平卧，颈部枕垫软物，头部偏向一侧，松开衣服和裤带，清除触电者口中的血块、假牙等异物。抢救者跪在病人的一边，使触电者的鼻孔朝天后仰。 2. 一只手捏紧触电者的鼻子，另一只手托在触电者颈后，将颈部上抬，深深吸一口气，用嘴紧贴触电者的嘴，大口吹气。 3. 放松捏着鼻子的手，让气体从触电者肺部排出，如此反复进行，每隔5s吹气一次，坚持连续进行，不可间断，直到触电者苏醒为止	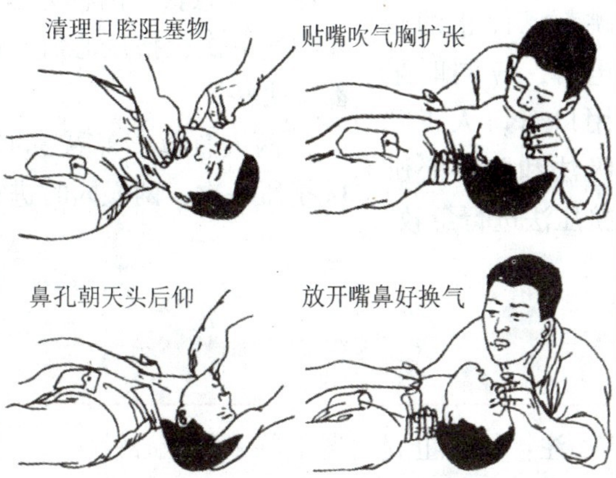

续表

急救方法	实施方法	图示
对有呼吸而心跳停止的触电者，应采用胸外心脏挤压法进行急救	1. 使触电者仰卧在硬板上或地上，颈部枕垫软物使头部稍后仰，松开衣服和裤带，急救者跪跨在触电者腰部。 2. 急救者将右手掌根部按于触电者胸骨下 1/2 处，中指指尖对准其颈部凹陷的下缘，左手掌复压在右手背上。 3. 掌根先用力下压 4～5cm，然后突然放松，挤压与放松的动作要有节奏，以每分钟 100 次为宜，必须坚持连续进行，不可中断。 4. 在向下挤压的过程中，将肺内空气压出，形成呼气；停止挤压，放松后，由于压力解除，胸廓扩大，外界空气进入肺内，形成吸气	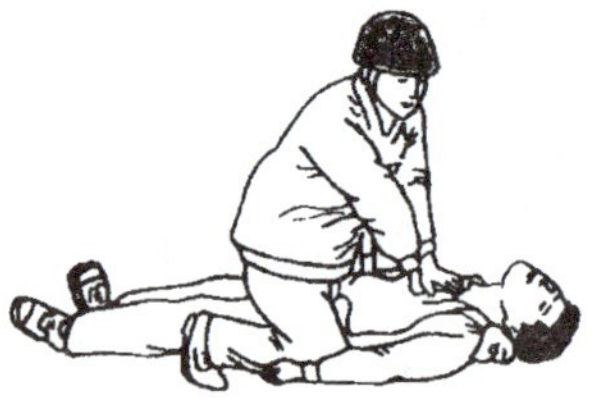 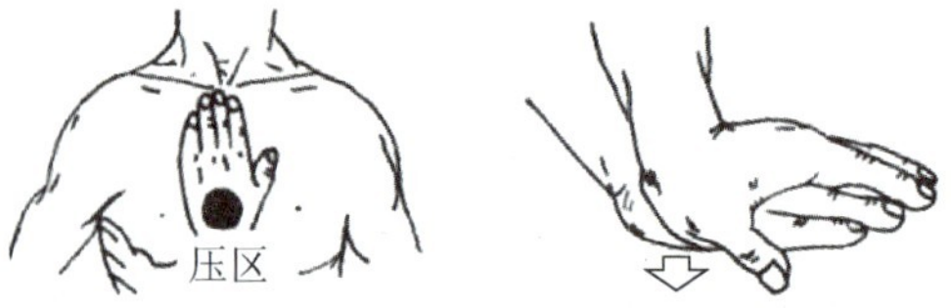 中指对凹膛　当胸一手掌　　掌根用力向下压 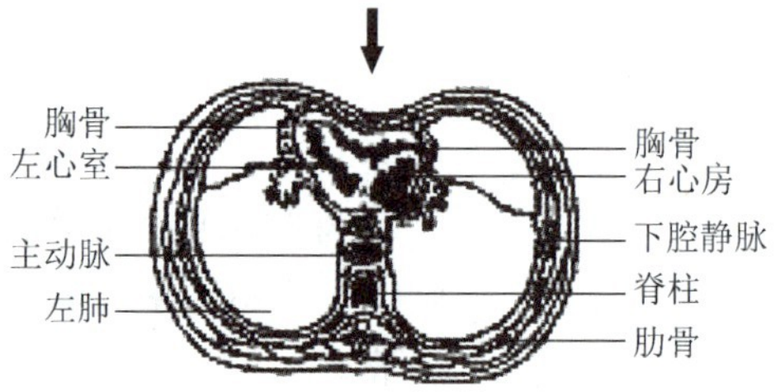 心脏在胸骨与脊柱之间被挤压，血液排出 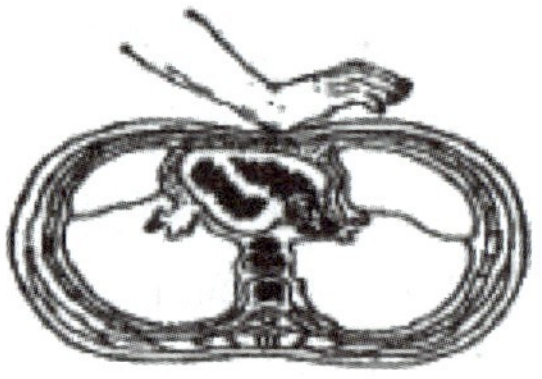 放松时，心脏因静脉回流而充盈
对于呼吸和心跳都已停止的触电者，应同时采用口对口人工呼吸法和胸外心脏挤压法进行急救	1. 一人急救：两种方法应交替进行，即吹气两次，挤压心脏 15 次，且速度都应快些。 2. 两人急救：每隔 5s 吹气一次，每 1s 挤压一次，两人同时进行	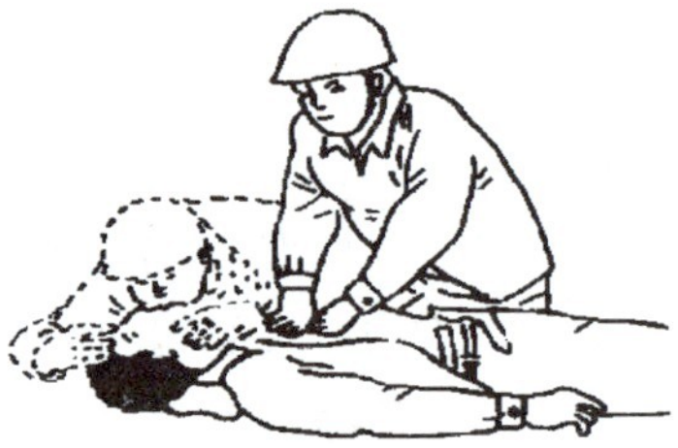 一人急救 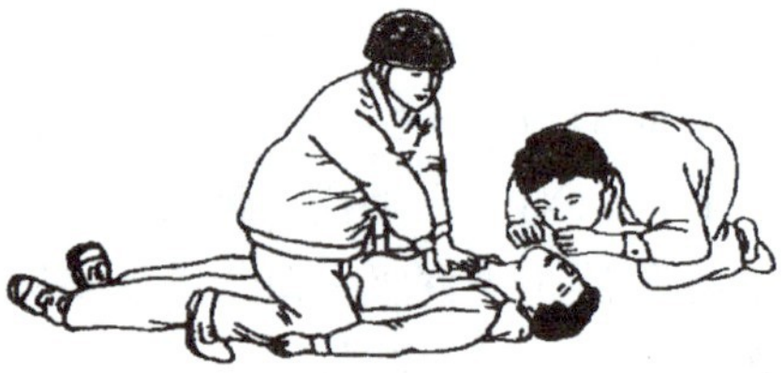 两人急救

注：1. 禁止乱打肾上腺素等强心针。

2. 禁止用冷水浇淋。

外伤救护的方法如表 1-7 所示。

表 1-7　外伤救护的方法

外伤情况	救护方法
一般性外伤创面	先用无菌生理盐水或清洁的温开水冲洗，并用消毒纱布或干净的布包扎，然后将伤员送往医院
伤口大面积出血	立即用清洁手指压迫出血点上方，也可用止血橡皮带使血流中断，同时将出血肢体抬高，以减少出血量，并迅速将伤员往送医院处置。如果伤口出血不严重，可用消毒纱布或干净的布料叠几层，盖在伤口处压紧止血
高压触电造成的电弧灼伤	先用无菌生理盐水冲洗，并用酒精涂擦，然后用消毒被单或干净布片包好，将伤员迅速送往医院处理
因触电摔跌而骨折	应先止血、包扎，然后用木板、竹竿、木棍等物品将骨折肢体临时固定，并迅速将伤员送往医院处理。如果发生腰椎骨折，应使伤员平卧在硬木板上，并将腰椎躯干及两侧下肢一并固定以防瘫痪，搬动时要数人合作，保持平稳，不能扭曲
出现颅脑外伤	应使伤员平卧并保持气道通畅，如果有呕吐现象，应扶好其头部和身体，使之同时侧转，以防止呕吐物造成窒息；当耳鼻有液体流出时，不要用棉花堵塞，只可轻轻拭去，以降低颅内压力

思考与练习

一、填空题

1. 人体触电的常见类型有_____、_____和_____。
2. 发现有人触电时，要使触电者脱离电源（非高压电源）的方法可以用_____、_____、_____、_____、_____5 个字来概括。

二、简答题

1. 简述电工实训室常见的电工工具及其用途。
2. 当发现有人触电时，应如何进行急救？

单元 2

万用表的使用

学习目标

理解 MF47 型万用表的使用方法。

本单元以 MF47 型万用表为例介绍万用表的使用,下面首先简单介绍该型万用表的相关知识。

2.1 MF47 型万用表简介

指针式万用表的种类很多,面板布置不尽相同,但其面板上都有刻度盘、机械调零螺钉、转换开关、欧姆调零旋钮和表笔插孔。图 2-1 是 MF47 型万用表的外形。

图 2-1 MF47 型万用表的外形

转换开关又称量程选择开关,是用来选择万用表所测量的项目和量程的。它周围均标有

"V""Ω"(或"R")"mA""μA""V"等符号,分别表示交流电压挡、电阻挡、直流毫安挡、直流微安挡、直流电压挡。"V""mA""μA""V"范围内的数值为量程,"Ω"(或"R")范围内的数值为倍率。在测量交流电压、直流电流和直流电压时,应在标有相应符号的标度尺上读数。例如,将转换开关调至欧姆挡的 $R\times10$ 挡时,测得的电阻值等于指针在刻度线上的读数×10。测量前如发现指针偏离刻度线左端的零点,可转动机械调零螺钉进行调整。

2.2 主要技术指标

MF47 型万用表的主要技术指标如表 2-1 所示。

表 2-1　MF47 型万用表的主要技术指标

	量限范围	灵敏度及电压降	精度	误差表示方法
直流电流	0—0.05mA—0.5mA—5mA—50mA—500mA—5A	0.3V	2.5	以上量限的百分数计算
直流电压	0—0.25V—1V—2.5—10V—50V—250V—500V—1000V—2500V	20000Ω/V	2.5 5	以上量限的百分数计算
交流电压	0—10V—50V—250V—500V—1000V—2500V	4000Ω/V	5	以上量限的百分数计算
直流电阻	$R\times1$,$R\times10$,$R\times100$,$R\times1k$,$R\times10k$	$R\times1$ 中心刻度为 16.5Ω	2.5	以标度尺弧长的百分数计算
			10	以指示值的百分数计算
音频电平	-10dB~+22dB	0dB=1mW 600Ω		
晶体管直流放大倍数	0~300hFE			
电感	20~1000H			
电容	0.001~0.3mF			

MF47 型万用表在环境温度 0℃~+40℃,相对湿度为 85%的情况下使用,其各项技术性能指标符合国家标准 GB/T 7676—2017 和国际标准 IEC 51 有关条款的规定。

2.3 使用方法及注意事项

1. 注意事项

1）在使用前应检查指针是否指在机械零位上，如不指在零位，可旋转表盖上的欧姆调零旋钮使指针指示在零位上。

2）将测试红、黑表笔分别插入"+""-"插孔中，如测量交、直流 2500V 或直流 5A 时，红表笔应分别插到对应的插孔中。

3）测未知量的电压或电流时，应先选择最高量程，待依次读取数值后，方可逐渐转至适当量程以取得较准确的读数并避免损坏电路。

4）测量前，应用测试表笔触碰被测试点，同时观看指针的偏转情况。如果指针急剧偏转并超过量程或反偏，应立即抽回测试表笔，查明原因，予以改正。

5）测量高压时，要站在干燥绝缘板上，并一手操作，防止意外事故发生。

6）测量高压或大电流时，为避免烧坏开关，应在切断电源的情况下变换量限。

7）如偶然发生因过载而烧断熔丝的情况，可打开表盒换上相同型号的熔丝。

8）电阻各挡用干电池应定期检查、更换，以保证测量精度。如长期不用，应取出电池，以防止电液溢出腐蚀损坏其他零件。

2. 测量方法

（1）直流电流的测量

测量 0.05~500mA 时，转动转换开关至所需电流挡。测量 5A 时，红表笔则插到对应的插孔中，转换开关可置于 500mA 直流电流量程上而后将黑表笔串接于被测电路中。

注意：严禁用电流挡去测量电压。

（2）交、直流电压的测量

1）测量交流 10~1000V 或直流 0.25~1000V 时，转动转换开关至所需电压挡。测量交、直流 2500V 时，转换开关应分别旋至交流 1000V 或直流 1000V 位置上，红表笔插到对应的插孔中，而后将黑表笔跨接于被测电路两端。

2）若配以本厂高压探头可测量电视机不小于 25kV 的高压，测量时，转换开关应放在 50μA 的位置上，高压探头的红、黑表笔插头分别插入"+""-"插孔中，接地夹与电视机金属底板连接，而后握住表笔进行测量。

注意：测量直流电压时，黑表笔应接低电位点，红表笔应接高电位点。

（3）直流电阻的测量

1）装上电池（R14 型 2 号 1.5V 及 6F22 型 9V 各一个）。转动转换开关至所需测量的电阻挡，将两表笔短接，调整欧姆调零旋钮，使指针对准欧姆挡的零位，之后分开两表笔进行测量。

2）万用表的欧姆挡分为 $R×1$、$R×10$、$R×1k$ 等几挡。刻度盘上的"Ω"的刻度只有一行，其中 $R×1$、$R×10$、$R×1k$ 等数值即为欧姆挡的倍率。

例如：将转换开关旋在 $R×1k$ 位置，表笔外接一被测电阻 R_x，这时指针若指着刻度盘上的 $30Ω$，则 $R_x = 30×1000 = 30$（$kΩ$）。

3）测量电路中的电阻时，应先切断电源。如电路中有电容，则应先行放电。严禁在带电线路上测量电阻，因为这样做实际上是把欧姆表当作电压表使用，极易使电表烧毁。

4）每换一个量限，应重新调零。测量电阻时，表头指针越接近欧姆刻度中心读数，测量结果越准确，所以要选择适当的测量量限。

5）当检查电解电容器漏电电阻时，可转动开关至 $R×1k$ 挡，红表笔必须接电容器负极，黑表笔接电容器正极。

（4）电容的测量

电容的测量方法为转动转换开关至交流 10V 位置，将被测电容串接于任一表笔，而后跨接于 10V 交流电压电路中进行测量。

知识拓展

数字式万用电表的种类很多，其面板设置大致相同，都有显示窗、电源开关、转换开关和表笔插孔（型号不同，插孔的作用可能有所不同）。

1. MAS830L 型数字式万用表的简介

MAS830L 型数字式万用表是一种性能稳定、可靠性高且具有防跌落性能的小型手持式 3 位半数字式万用表。该万用表采用字高 15mm 的液晶显示器，读数清晰。其整机电路设计以大规模集成电路双积分 A/D（模/数）转换器为核心，并配以过载保护电路，使之成为一台性能优越小巧的工具仪表。

该数字式万用表可用来测量直流电压和交流电压、直流电流、电阻、二极管、晶体管，以及进行电路通断测试。

MAS830L 型数字式万用表设有背光源，方便用户在黑暗的场所读出测量显示值。图 2-2 为 MAS830L 型数字式万用表的外形。

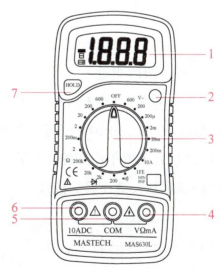

图 2-2 MAS830L 型数字式万用表的外形

1—显示器；2—BACK LIGHT 键；3—转换形状；
4—VΩmA 插孔；5—COM 插孔；
6—10A 插孔；7—HOLD 键

其中，BACK LIGHT 键为背光键。按 BACK LIGHT 键后，背光点亮，约 5s 后背光自动熄灭。若要再次点亮，需再按一次该键（当电池电量不足时，背光的亮度会较低）。

HOLD 键为数据保持键。在测量中按住 HOLD 键，仪表显示器上将保持测量的最后读数并且显示器上显示"H"符号；释放 HOLD 键，仪表恢复正常测量状态。

2. MAS830L 型数字式万用表的使用方法

万用表的使用方法

（1）操作前注意事项

操作前的注意事项如下：

1）接通电源，先检查 9V 电池，如果电池电压不足，"▭"将显示在显示器上，这时需更换电池。如果显示器上没有显示"▭"，则按以下步骤操作。

2）表笔插孔旁边的"⚠"符号表示输入电压或电流应不超过指示值，这是为了保护内部线路免受损伤。

3）测试之前，转换开关应置于所需要的量限。

（2）直流电压的测量

1）将红表笔插入 VΩmA 插孔，黑表笔插入 COM 插孔。

2）将转换开关置于 V⎓量程范围，并将表笔连接到待测电源或负载上电压值显示的同时将显示，红表笔所接端的极性。

注意：

1）如果事先不知道被测电压范围，则应将转换开关置于最大量限，然后逐渐降低直至取得满意的量程范围。

2）如果显示器只显示"1"，则表示被测电压已超过量限，应将转换开关置于更高量限。

3）不要输入高于 600V 的电压，显示更高电压是可能的，但有损坏仪表内部线路的危险。

4）在测量高电压时，要特别注意避免触电。

（3）直流电流的测量

1）将黑表笔插入 COM 插孔，当被测电流不超过 200mA 时，红表笔插入 VΩmA 插孔。如果被测电流在 200mA 和 10A 之间，则将红表笔插入 10A 插孔。

2）将转换开关置于所需的 A⎓量限位置，并将测试表笔串联接入待测负载上，电流值显示的同时将显示红表笔连接的极性。

注意：

1）如果事先不知道被测电流范围，则应将转换开关置于最大量限，然后逐渐降低直至取得满意的量程范围。

2）如果显示器只显示"1"，则表示被测电流已超过量限，应将转换开关置于更高量限。

3）测试笔插孔旁边的"⚠"符号，表示最大输入电流是 200mA 或 10A 取决于所使用的插孔，过量的电流将烧坏熔丝。10A 量限无熔丝保护。

（4）交流电压的测量

1）将红表笔插入 VΩmA 插孔，黑表笔插入 COM 插孔。

2）将转换开关置于 V~量限范围，并将表笔连接到待测电源或负载上。

(5) 电阻值的测量

1) 将黑表笔插入 COM 插孔，红表笔插入 VΩmA 插孔。

2) 将转换开关置于所需的 Ω 量限位置，将表笔并接到被测电阻上，从显示器上读取测量结果。

注意：

1) 如果被测电阻值超过所选择量限的最大值，将显示过量限"1"，此时应选择更高的量限。在测量 1MΩ 以上的电阻时，可能需要几秒后读数才会稳定。

2) 当无输入时，如开路情况，仪表显示"1"。检查在线电阻时，必须先将被测线路内所有电源关断，并将所有电容器充分放电。

(6) 二极管测试

1) 将黑表笔插入 COM 插孔，红表笔插入 VΩmA 插孔，此时红表笔连接内部电池的"+"极。

2) 将转换开关置于 ⊶ 量限位置，将红表笔接到被测二极管的阳极，黑表笔接到二极管的阴极，由显示器上读取被测二极管的近似正向压降值。如果按反方向连接，应当显示"1"（代表开路或反向电阻很大）；如果二极管正反向电阻相差不大或两个方向都显示"1"，则表示二极管坏（高压整流硅堆除外）。

注意： 测量二极管时要将二极管从电路中断开。

(7) 电路通断测试

将黑表笔插入 COM 插孔，红表笔插入 VΩmA 插孔。将转换开关置于 •))) 量限位置，将表笔并接到被测电路的两点。如果该两点间的电阻低于 1.5kΩ，内置蜂鸣器会发出响声指示该两点间导通。

思考与练习

简答题

1. 简述用 MF47 型万用表测电压的步骤。

2. 简述用 MF47 型万用表测电阻的步骤。

3. 简述 MF47 型万用表整机调试的过程。

单元 3

直 流 电 路

学习目标

1. 了解电路的基本概念。
2. 理解直流电路常见物理量的概念，并能进行简单计算。
3. 会计算导体的电阻，了解电阻器的外形结构、作用及主要参数。
4. 掌握电阻串联、并联的特点及相关物理量的计算方法。
5. 掌握电流、电压、电位、电动势、电功率、电能等基本物理量及其相互关系。
6. 掌握欧姆定律，理解基尔霍夫定律及其应用。

3.1 电路的组成与电路图

3.1.1 电路的组成

电源、用电器、电路元器件按照一定的方式连接起来，用来实现某种需求或完成某项工作，构成的电流通路称为电路。虽然电路的组成方式多种多样，但其通常包含电源（或信号源）、负载和中间环节3个基本部分。

1. 电源

电源是指电路中供给电能的装置，如干电池、蓄电池、发电机等都是电源。电源的作用是将其他形式的能量转化为电能，如蓄电池将化学能转化为电能，发电机将机械能转化为电能等。

2. 负载

负载是指用电设备，如电灯、电炉、电动机、扬声器等。它的作用是将电能转化为其他形式的能量，如电灯将电能转化为光能，电炉将电能转化为内能，电动机将电能转化为机械能，扬声器将电能转化为声能等。

3. 中间环节

中间环节是连接电源和负载的部分，用来传输、分配、控制电能或处理信号，如变压器、输电线、放大器、开关等。最简单的中间环节是连接导线和开关，较复杂的中间环节可由多种元器件或电气设备组成。

电路可分为内电路和外电路。一般电源内部的电路称为内电路，负载和中间环节称为外电路。

3.1.2 电路图

在电工技术中，为了便于分析和研究问题，可以将实际元器件抽象成理想化的模型，用一些规定的图形符号表示实际元器件，即将实际电路用电路图表示。实物图和电路图的对比如图 3-1 所示。表 3-1 为常用元器件的标准图形符号。

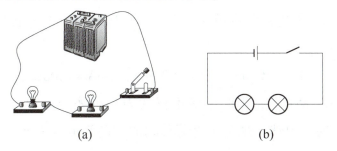

图 3-1　实物图和电路图的对比

（a）实物图；（b）电路图

表 3-1　常用元器件的标准图形符号

图形符号	说明	图形符号	说明	图形符号	说明
─▭─	电阻器	─▷├─	二极管	─╱─	开关
─▭̷─	电位器	─⊗─	灯	─Ⓐ─	电流表
─▱̸─	可调电阻器	⏚	接地	─Ⓥ─	电压表
─Ⓜ─	直流电动机	─┤├─	电容器	─▱▱▱─	铁芯线圈
─┤◁─	晶体管	─┤⁺├─	极性电容器	─⌒⌒⌒─	磁芯线圈
─Ⓖ─	直流发电机	─•─	交叉连接导线	─┤├─	蓄电池

3.2　电路的基本物理量

要使电路中有电流流过，必须有产生电流的电源，以及连接电源与负载的导线或导体。

那么，电流在电路中是如何流动的呢？下面介绍电路中的几个基本物理量：电流、电位、电压与电动势等。

1. 电流

电流的情况与水流相同。由于存在着因水位差而产生的水压，水可以从一个地点流向另一个地点。同样的道理，若两点之间存在电位差，那么电流就能沿导线从一点流向另一点。

电流是指电荷定向、有规则的移动。在导体中，电流是由各种不同的带电粒子在电场作用下做有规则的移动形成的。

电流的大小取决于在一定时间内通过导体横截面的电荷量的多少，用电流强度（I）来衡量。若在时间 t 内通过导体横截面的电荷量为 Q，则电流强度 I 可以表示为

$$I = Q/t$$

若在 1s 内通过导体横截面的电荷量为 1C（库仑），则导体中的电流强度就是 1A（安培，简称安）。除安培外，常用的电流强度单位还有 kA（千安）、mA（毫安）和 μA（微安），它们之间的换算关系如下：

$$1kA = 1000A，1A = 1000mA，1mA = 1000\mu A$$

通常把电流强度简称为电流，因此电流不仅代表一种物理现象，还代表一个物理量。电流不仅有大小，还有方向。习惯上规定正电荷移动的方向为电流方向。

2. 电位、电压与电动势

（1）电位

电荷（q）在电场或电路中具有一定的能量，电场力将单位正电荷从某一点 A 沿任意路径移到参考点所做的功（W）称为该点的电位或电势，即

$$U_A = W/q$$

计算电位时必须有一个参考点才能确定它的具体数值。参考点的电位一般规定为零，高于参考点的电位为正，低于参考点的电位为负。在电工电子技术中通常以大地作为参考点，有些用电设备为了使用安全，将机壳与大地相连，称为接地，用符号"⏚"标记。

（2）电压

电路中某两点间的电位差称为电压。例如，A、B 两点的电位分别为 U_A、U_B，则两点间的电压为

$$U_{AB} = U_A - U_B$$

在直流电路中，电场力把电荷 q 从 A 点移到 B 点所做的功为

$$W_{AB} = qU_{AB} = q(U_A - U_B)$$

在国际单位制中，电势、电压的单位是 V（伏特，简称伏）。电场力把 1C 正电荷从 A 点移到 B 点所做的功为 1J（焦耳，简称焦）时，A、B 两点之间的电压为 1V。电压的单位还有 μV、mV 和 kV，它们的关系为

$$1kA = 1000A，1A = 1000mA，1mA = 1000\mu A$$

电压分为直流电压、交流电压。电压的参考方向规定为由高电位端指向低电位端。对于负载来说，规定电流流进端为电压的正端，电流流出端为电压的负端。

（3）电动势

电路中接入电源后，在电场力的作用下，正电荷只能从高电位移向低电位，负电荷只能从低电位移向高电位，形成电流。然而，为了维持电路中电流的持续性，电源内部必须使正电荷从低电位移向高电位，或把负电荷从高电位移向低电位，以保持电路两端的电位差。电源的这种移动电荷的能力用电动势来表示，符号为 E，单位为 V。

电动势的方向规定如下：在电源内部由负极指向正极。图 3-2 为直流电动势的两种图形符号。

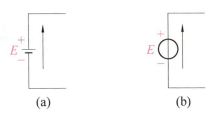

图 3-2　直流电动势的两种图形符号

对于电源来说，既有电动势，又有端电压。电动势只存在于电源内部；端电压则是电源加在外电路两端的电压，其方向由正极指向负极。一般情况下，电源的端电压总是低于电源的电动势，只有在电源开路时，电源的端电压才与其电动势相等。

3.3　欧姆定律

欧姆定律

3.3.1　电阻元件

1. 电阻的基础知识

1）概念：在电路中对电流有阻碍作用，并且造成能量消耗的部分称为电阻。电阻利用其消耗电能的特性，在电路中主要起分压、限流等作用。

2）文字符号：R。

3）图形符号：—▭—。

4）常用单位：Ω（欧）、kΩ（千欧）、MΩ（兆欧）。其换算关系如下。

$$1\text{M}\Omega = 1000\text{k}\Omega，\ 1\text{k}\Omega = 1000\Omega$$

5）计算公式：

$$R = U/I\ (电阻 = 电压/电流)$$

2. 常用电阻器的识别

常用的电阻器介绍如下。

认识电阻器

(1) 碳膜电阻器

碳膜电阻器（图3-3）采用高温真空镀膜技术将碳紧密地附在瓷棒表面形成碳膜，并在其表面涂环氧树脂密封保护而制成。碳膜的厚度决定阻值大小。

(2) 金属膜电阻器

金属膜电阻器（图3-4）采用真空蒸发工艺制成，即在真空中加热合金，合金蒸发，使瓷棒表面形成一层导电金属膜。金属膜厚度决定阻值大小。

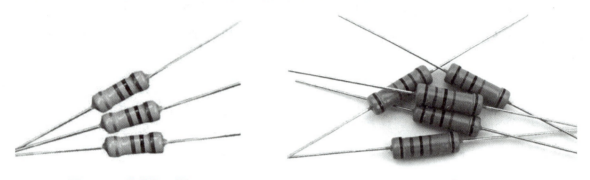

图 3-3　碳膜电阻器　　　　　　　图 3-4　金属膜电阻器

(3) 贴片电阻器

贴片电阻器（图3-5）一般用3位数字表示其电阻值，基本单位是 Ω。元件表面通常为黑色，两边为白色。

图 3-5　贴片电阻器

(4) 热敏电阻器

热敏电阻器（图3-6）由半导体陶瓷材料制成，是一种对温度极为敏感的电阻器，分为正温度系数热敏电阻器和负温度系数热敏电阻器两种，其阻值随温度的变化而变化。

(5) 光敏电阻器

光敏电阻器（图3-7）又称光导管，其阻值随光照强度的变化而变化。光敏电阻器对光的敏感性与人眼对可见光的响应很接近，只要人眼可感受到的光都会引起其阻值的变化。

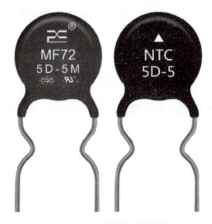

图 3-6　热敏电阻器　　　　　　　图 3-7　光敏电阻器

(6) 可调电阻器

可调电阻器（图 3-8）通常有 3 个或更多引脚，并有一个可调螺钉，用于调节阻值。

图 3-8　可调电阻器

3. 电阻率

电阻率是用来表示各种物质电阻特性的物理量。某种材料制成的长 1m、横截面积为 $1mm^2$ 的导线在常温下（20℃时）的电阻，称为这种材料的电阻率。国际单位制中，电阻率的单位是 $\Omega \cdot m$（欧·米），常用单位是 $\Omega \cdot mm$（欧·毫米）。电阻率的计算公式为

$$r = RS/l$$

式中，r——电阻率，$\Omega \cdot m$；

　　　S——横截面积，m^2；

　　　R——电阻，Ω；

　　　l——导线的长度，m。

4. 电阻阻值的标示方法与色环电阻器的识别

(1) 电阻阻值的标示方法

电阻值的标示方法通常有 4 种。

1) 直标法：表面印有电阻值及误差，如 "2.2kΩ±5%"。

2) 数字字符法：用数字和字母表示阻值及误差，如 "2.2KJ" "2K2J"。

3）色环表示法：表面有色环（有四色环和五色环），用色环表示阻值及误差，便于检查与维修。

4）数码法：用3位或4位数字表示，如"151"表示150Ω，前两位表示有效数字，第三位表示有效数字后面0的个数。若为4位数，则前3位表示有效数字，第四位表示有效数字后面0的个数。

（2）色环电阻器的识别

色环电阻器是各种电子设备中应用最多的电阻器类型，无论怎样安装，维修者都能方便地读出其阻值，便于检测和更换。但在实践中发现，有些色环电阻器的排列顺序不甚分明，往往容易读错，在识别时，可运用如下方法加以判断。

1）先找标示误差的色环，从而排定色环顺序。常用的表示电阻误差的颜色有金、银、棕，尤其是金环和银环一般很少为电阻色环的第一环，所以在电阻上只要有金环和银环，就基本可以认定这是色环电阻的最末一环。

2）棕色环是否为误差标志的判别。棕色环既常作为误差环，又常作为有效数字环，且常常在第一环和最末一环同时出现，使人很难识别哪一环是第一环。在实践中，可以按照色环之间的间隔加以判别。例如，对于一个有五道色环的电阻器而言，第五环和第四环之间的间隔比第一环和第二环之间的间隔要宽一些，据此可判定色环的排列顺序。

3）在仅靠间距无法判定色环顺序的情况下，可以利用电阻的生产序列值来加以判别。例如，有一个电阻的色环读序是棕、黑、黑、黄、棕，其值为1MΩ，允许偏差为1%，属于正常的电阻系列值。若是反顺序读为棕、黄、黑、黑、棕，其值为140Ω，允许偏差为1%。显然，按照后一种排序所读出的阻值在电阻的生产系列中是没有的，故后一种色环顺序是错误的。

不同颜色色环代表的数值如表3-2所示。

表3-2　不同颜色色环代表的数值

颜色	银	金	黑	棕	红	橙	黄	绿	蓝	紫	灰	白	无
有效数字	—	—	0	1	2	3	4	5	6	7	8	9	—
数量级	10^{-2}	10^{-1}	10^0	10^1	10^2	10^3	10^4	10^5	10^6	10^7	10^8	10^9	—
允许偏差/%	±10	±5	—	±1	±2	—	—	±0.5	±0.25	±0.1	—	+50 −20	±20

四色环电阻器：第一色环是十位数，第二色环是个位数，第三色环是有效数字的倍率，第四色环是允许偏差，如图3-9所示。

五色环电阻器：第一色环是百位数，第二色环是十位数，第三色环是个位数，第四色环是有效数字的倍率，第五色环是允许偏差，如图3-10所示。

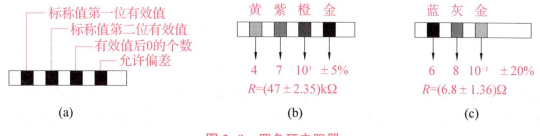

图 3-9 四色环电阻器

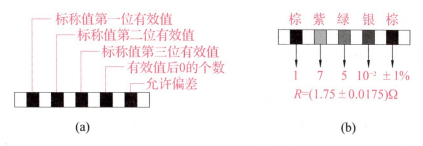

图 3-10 五色环电阻器

3.3.2 部分电路欧姆定律

电阻上的电流与两端电压的关系：在电阻一定时，电流与电压成正比；在电压一定时，电流与电阻成反比。将以上两条结论综合起来就得出了欧姆定律。

在不含电源的电路中，电流与电路两端的电压成正比，与电路的电阻成反比，其数学表达式为

$$U = IR \tag{3-1}$$

式中，U——电压，V；

I——电流，A；

R——电阻，Ω。

式（3-1）就是部分电路欧姆定律，是电路计算的基本定律之一。利用这个关系式，在电压、电流及电阻3个量中，只要知道两个量的值，即可求出第三个量的值。

部分电路欧姆定律中电阻的阻值是常量，不随电流、电压的变化而变化，这种电阻称为线性电阻，由这种电阻组成的电路称为线性电路。

在电阻材料中，还有一类电阻的阻值不是常量，会随着加在其两端的电压及通过其电流的变化而变化，这类电阻称为非线性电阻，由它组成的电路称为非线性电路。

【例3.1】验电笔中的电阻阻值为880kΩ，测试家用电器时，通过的电流是多少？

已知：$U = 220\text{V}$，$R = 880\text{k}\Omega = 880 \times 1000\Omega = 880000\Omega$。

求：电流I。

解：根据欧姆定律可得

$$I = U/R = 220\text{V}/880000\Omega = 0.00025\text{A}$$

3.3.3 全电路欧姆定律

部分电路欧姆定律是不考虑电源的，而大量的电路中含有电源，这种含有电源的直流电路称为全电路。对全电路进行计算时，需要用全电路欧姆定律来解决。全电路欧姆定律：在全电路中，电流与电源电动势成正比，与电路的总电阻（外电路电阻 R 和电源内阻 r 之和）成反比，其数学表达式为

$$I = E/(R + r)$$

根据全电路欧姆定律，可以分析电路的以下 3 种情况。

1) 通路：在 $I = E/(R + r)$ 中，E、R、r 为确定值，电流也为确定值，电路工作正常。

2) 短路：当外电路 $R = 0$ 时，由于电源内阻 r 很小，且 $I = E/r$，电流趋于无穷大，将烧坏电源和用电器，严重时造成火灾，应该尽量避免。为避免短路造成的严重后果，电路中专门设置了保护装置。

3) 断路（开路）：此时 R 趋近于无穷大，有 $I = E/(R + r) = 0$，即电路不通，不能正常工作。

图 3-11 为电路中有电流通过时，外电路电流由正极流向负极，内电路电流由负极流向正极，此时，不但外电阻上有电压，而且在内电阻上也有电压。外电阻上的电压称为外电压，或端电压，用 $U_{外}$ 表示。内电阻上的电压称为内电压，用 $U_{内}$。

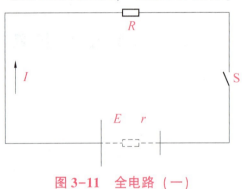

图 3-11　全电路（一）

$$U_{外} = IR$$
$$U_{内} = Ir$$

电动势等于内外电路电压之和，即 $E = U_{外} + U_{内} = IR + Ir$。

【例 3.2】 如图 3-12 所示电路，电源电动势为 1.5V，内阻为 0.12Ω，外电路的电阻为 1.38Ω，求电路中的电流和端电压。

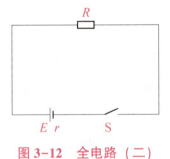

图 3-12　全电路（二）

解： 由全电路欧姆定律可得

$$I = E/(R + r)$$
$$= 1.5/(1.38 + 0.12)A$$
$$= 1A$$
$$U_{外} = IR$$
$$= 1A \times 1.38\Omega$$
$$= 1.38V$$

或

$$U_外 = E - Ir$$
$$= 1.5\text{V} - 1\text{A} \times 0.12\Omega$$
$$= 1.38\text{V}$$

3.4 电功率与电能

3.4.1 电功率与电能的基本知识

电功率是怎么产生的？什么是电能？"功是能量转化的量度"，电流做功意味着怎样的能量转化？在日常生活中，人们每天都会使用电器，而所有的电器又会消耗电能，那么电功率又是怎么回事？

（1）电功率

为了表征电流做功的快慢程度，引入了电功率这一物理量。电流在单位时间内所做的功称为电功率，用字母 P 表示，单位为 W（瓦特，简称瓦），其计算式为

$$P = W/t = Ut$$

电气设备安全工作时所允许的最大电流、最大电压和最大功率分别称为额定电流、额定电压和额定功率。一般元器件和设备的额定值都标在其明显位置，如灯泡上标有"220-40"（图3-13），电阻上标有"10Ω/2W"等。

图 3-13 电功率的表征

（2）电能

电流能使电灯发光、电动机转动、电炉发热、电风扇转动等，这些都是电流做功的表现。在电场力的作用下，电荷定向运动形成的电流所做的功称为电能（又称电功），用 W 表示。电流做功的过程就是将电能转化为其他形式能的过程。

电功的数学表达式为

$$W = Uq = UIt \tag{3-2}$$

式中，U——加在负载上的电压，单位为 V；

I——流过负载的电流，单位为 A；

t——时间，单位为 s；

W——电功，单位为 J；

q——电荷，单位为 C。

式（3-2）表明电流在一段电路上所做的功，与这段电路两端的电压、电路中的电流和通电时间成正比。

每个家庭都要用电，不同家庭用电量的多少不同。经常听到人们说，上个月家里用了多

少"度"电,这里所说的"度",就是电能的单位,即千瓦时(kW·h)。在物理学中,更常用的能量单位是焦耳,简称焦(J)。1kW·h 比 1J 大得多,它们之间的换算关系如下:

$$1 度（电）= 1kW·h = 1000W \times 3600s = 3.6 \times 10^6 J$$

3.4.2 焦耳定律

当电流通过金属导体时,导体会发热。这是因为电流通过导体时,要克服导体电阻的阻碍作用而做功,促使导体分子的热运动加剧,有部分电能转换为内能,使导体的温度升高,导体发出热量。这种由电能转化为内能而放出热量的现象,称为电流的热效应。

1841 年,英国物理学家焦耳通过实验得出结论:电流通过导体时所产生的热量 Q 与电流 I 的平方、导体本身的电阻 R 及通电时间 t 成正比,这个关系称为焦耳定律。其表示为

$$Q = I^2 R t$$

当电流 I 单位为 A、电阻 R 单位为 Ω、时间 t 单位为 s 时,热量的单位为 J,相当于阻值为 1Ω 的导体中通过 1A 的电流时每秒产生的热量。

单位时间内电流通过导体产生的热量,通常称为电热功率,表示为

$$P_Q = Q/t = I^2 R$$

电流的热效应在日常生活和现代工业生产中有广泛的应用。例如,电饭锅、电热水器、电烙铁等,都是利用电流的热效应来为生产和生活服务的。电流的热效应也有不利的一面,因为各种电气设备中的导线等都有一定的电阻,通电时,电气设备的温度会升高,如变压器、电动机等电气设备中,电流通过线圈时产生的热量会使这些设备的温度升高,如果散热条件不好,可能烧坏设备。

3.5 电阻的串联与并联

3.5.1 电阻的串联

1. 电阻串联电路的特点

把两个或两个以上电阻依次首尾连接,组成一条支路,这样的连接方式称为电阻的串联,如图 3-14 所示。

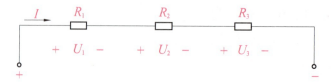

图 3-14 电阻的串联

电阻串联具有以下性质:

1) 串联电路中流过每个电阻的电流都相等,即

$$I = I_1 = I_2 = \cdots = I_n \tag{3-3}$$

式中，下脚标 1，2，⋯，n 分别代表第 1 个，第 2 个，⋯，第 n 个电阻（以下出现的含义相同）。

2）串联电路两端的总电压等于各电阻两端的分电压之和，即

$$U = U_1 + U_2 + \cdots + U_n \tag{3-4}$$

3）串联电路的等效电阻（即总电阻）等于各串联电阻之和，即

$$R = R_1 + R_2 + \cdots + R_n \tag{3-5}$$

4）串联电路总功率等于各串联电阻消耗功率之和，即

$$P = P_1 + P_2 + \cdots + P_n \tag{3-6}$$

推论：1）串联电路中各个电阻消耗的功率与它的阻值成正比，即

$$P_1 : P_2 : \cdots : P_n = R_1 : R_2 : \cdots : R_n \tag{3-7}$$

说明：在串联电路中，电阻阻值越大，消耗的功率越大，反之则越小。

2）在串联电路中，各电阻上分配的电压与电阻的阻值成正比，即

$$\frac{U_1}{U_n} = \frac{R_1}{R_n} \tag{3-8}$$

或

$$\frac{U_n}{U} = \frac{R_n}{R} \tag{3-9}$$

说明：阻值越大的电阻分配到的电压越大，反之电压越小。

3）对于 n 个阻值相等的电阻的串联，有

$$U = U_1 + U_2 + \cdots + U_n = nU_n,\ R = nr,\ P_1 = P_2 = \cdots = P_n,\ P = nP_1 \tag{3-10}$$

对于两个电阻 R_1、R_2 的串联，有

$$U_1 = \frac{R_1 U}{R_1 + R_2},\ U_2 = \frac{R_2 U}{R_1 + R_2} \tag{3-11}$$

式（3-11）通常被称为串联电路的分压公式，运用这一公式可以方便地计算串联电路中各电阻的电压。

2. 电阻串联电路的应用

在实际工作中，电阻串联电路有以下应用：

1）用若干电阻串联以获得阻值较大的电阻。
2）采用若干电阻串联构成分压器，使同一电源能供给不同数值的电压。
3）当负载额定电压低于电源电压时，可用串联电阻的方法使负载安全地接入电源。
4）利用串联电阻的方法来限制和调节电路中电流的大小。
5）利用串联电阻的方法来扩大电压表的量程。

3.5.2 电阻的并联

1. 电阻并联电路的特点

两个或两个以上电阻接在电路中相同的两点之间，承受同一电压，这样的连接方式称为电阻的并联。图 3-15 是两个电阻的并联电路。

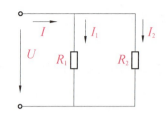

图 3-15 两个电阻的并联电路

电阻并联具有以下性质：

1）并联电路中各电阻两端的电压相等，且等于电路两端的电压，即

$$U = U_1 = U_2 = \cdots = U_n \tag{3-12}$$

2）并联电路的总电流等于流过各电阻的电流之和，即

$$I = I_1 + I_2 + \cdots + I_n \tag{3-13}$$

3）并联电路的等效电阻（即总电阻）等于各电阻的倒数之和，即

$$\frac{1}{R} = \frac{1}{R_1} + \frac{1}{R_2} + \cdots + \frac{1}{R_n} \tag{3-14}$$

4）并联电路总功率等于各并联电阻消耗功率之和，即

$$P = P_1 + P_2 + \cdots + P_n \tag{3-15}$$

推论：1）并联电路各个电阻消耗的功率与它的阻值的倒数成正比，即

$$P_1 : P_2 : \cdots : P_n = 1/R_1 : 1/R_2 : \cdots : 1/R_n \tag{3-16}$$

说明：在并联电路中，电阻越大，消耗的功率越小，反之则越大。

2）在并联电路中通过各支路的电流与支路的电阻成反比，即

$$\frac{I_1}{I_n} = \frac{R_n}{R_1} \text{ 或 } \frac{I_n}{I} = \frac{R}{R_n} \tag{3-17}$$

说明：阻值越大的电阻所分配到的电流越小，反之电流越大。

3）对于 n 个阻值相等的电阻的并联，有

$$I = I_1 + I_2 + \cdots + I_n = nI_n, \ R = r/n, \ P_1 = P_2 = \cdots = P_n = nP_1 \tag{3-18}$$

对于两个电阻 R_1、R_2 的并联，总电阻为

$$R = \frac{R_1 R_2}{R_1 + R_2} \tag{3-19}$$

各电阻的电流分别为

$$I_1 = \frac{R_2 I}{R_1 + R_2}, \ I_2 = \frac{R_1 I}{R_1 + R_2} \tag{3-20}$$

式（3-20）通常称为并联电路的分流公式，运用这一公式，可以方便地计算并联电路中各电阻的电流。

2. 电阻并联电路的应用

在实际工作中，电阻并联电路有如下应用：

1)凡是额定工作电压相同的负载都采用并联工作方式。这样各个负载都是一个独立可控制的回路,任一负载的正常启动或停止都不影响其他负载,如工厂中的电动机、电炉及各种照明灯具均并联工作。

2)用并联电阻的方法来获得较小阻值的电阻。

3)用并联电阻的方法来扩大电流表的量程。

3.6 基尔霍夫定律及应用

我们都知道含有一个电源的串联电路,其电流、电压、电阻等可以用欧姆定律进行计算。但是,对于含有两个或两个以上电源的电路或电阻特殊连接构成的电路,仅仅用欧姆定律进行计算是行不通的,该如何解决这个问题呢?比较方便的是采用将欧姆定律加以发展的基尔霍夫定律来解决问题。

3.6.1 基尔霍夫第一定律——节点电流定律

基尔霍夫第一定律是用来分析电路中某一点上各支路间的电流关系的,故又称基尔霍夫电流定律(KCL)。

基尔霍夫电流定律

关于复杂电路的几个术语。

1)支路(branch):由一个或几个元器件首尾相接构成的无分支电路。
2)节点(node):3 条或 3 条以上的汇交点,如图 3-16 中的 A 点。
3)回路(loop):任意的闭合电路,如图 3-17 所示。
4)网孔(mesh):简单的、不可再分的回路。

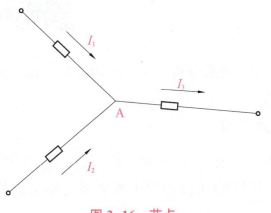

图 3-16 节点

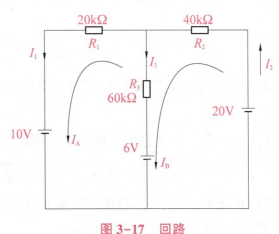

图 3-17 回路

基尔霍夫电流定律的内容如下:

1)电路中任意一个节点上,流入节点的电流之和等于流出节点的电流之和,即

$$\sum I_\text{入} = \sum I_\text{出} \tag{3-21}$$

2) 在任一电路的任一节点上，电流的代数和永远等于零，即

$$\sum I = 0 \tag{3-22}$$

【例 3.3】如图 3-18 所示，已知 $I_1 = 25\text{mA}$，$I_3 = 16\text{mA}$，$I_4 = 12\text{mA}$，试求其余各电阻的电流。

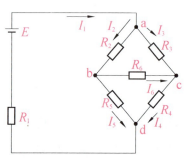

图 3-18 例 3.3 图

解：先任意标定未知电流 I_2、I_5、I_6 的参考方向，如图 3-18 所示。应用基尔霍夫电流定律列出电流方程式：

$$I_1 = I_2 + I_3 \text{（a 点）}$$
$$I_2 = I_5 + I_6 \text{（b 点）}$$
$$I_4 = I_3 + I_6 \text{（c 点）}$$

代入数值，解得

$$\begin{cases} I_2 = 9\text{mA} \\ I_5 = 13\text{mA} \\ I_6 = -4\text{mA} \end{cases}$$

其中，I_6 的值是负值，表示 I_6 的实际方向与图中的参考方向相反。

3.6.2 基尔霍夫第二定律——节点电压定律

基尔霍夫电压定律

基尔霍夫第二定律又称基尔霍夫电压定律（KVL）用来分析任一回路内各段电压之间的关系。

1) 在任意一个回路中，所有电压降的代数和为零，即

$$\sum U = 0 \tag{3-23}$$

2) 在任意一个闭合回路中，各段电阻上的电压降的代数和等于各电源电动势的代数和，即

$$\sum IR = \sum E \tag{3-24}$$

如图 3-19 所示，以 A 点为起点（回路绕行方向以顺时针为例）列 KVL 方程：

$$I_1 R_1 + E_1 - I_2 R_2 - E_2 + I_3 R_3 = 0$$

或
$$I_1R_1 - I_2R_2 + I_3R_3 = -E_1 + E_2$$

回路绕行方向可以任意选择。注意两个方程中 E 的正、负取值。

【例3.4】如图3-20所示，已知电源电动势 $E_1 = 42\text{V}$，$E_2 = 21\text{V}$。电阻 $R_1 = 12\Omega$，$R_2 = 3\Omega$，$R_3 = 6\Omega$，求各电阻中的电流。

解：1）设各支路电流方向、回路绕行方向如图3-20所示。

2）列出节点电流方程式：
$$I_1 = I_2 + I_3 \quad \text{①}$$

3）列出回路电压方程式：
$$-E_2 + I_2R_2 - E_1 + I_1R_1 = 0 \quad \text{②}$$
$$I_3R_3 - I_2R_2 + E_2 = 0 \quad \text{③}$$

4）联立方程式①~③，代入已知数解方程，得各支路的电流：
$$I_1 = 4\text{A}$$
$$I_2 = 5\text{A}$$
$$I_3 = -1\text{A}$$

5）确定每个直流电流的实际方向。

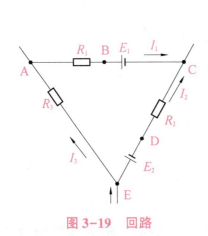

图3-19 回路

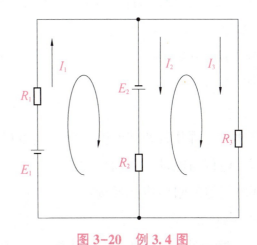

图3-20 例3.4图

思考与练习

一、填空题

1. 在直流电路中电流的方向规定由_____指向_____，电压的方向由_____指向_____，电动势的方向由_____指向_____。

2. 在串联电路中，各个电阻上的电压关系为_____，电路中的总功率与各个电阻所消耗功率的关系为_____。

3. 电路通常有_____、_____和_____3种状态。

4. 电荷的_____移动形成电路。它的大小是指单位_____内通过导体截面积的_____。

5. 某礼堂有 40 盏白炽灯，每盏灯的功率为 100W，全部灯点亮 2h，消耗的电能为_____kW·h。

二、选择题

1. 若一导体两端电压为 100V，通过导体的电流为 2A；当两端电压降为 50V 时，导体的电阻应为（   ）。

   A. 100Ω   B. 25Ω   C. 50Ω   D. 0Ω

2. 通常电工术语"负载大小"是指（   ）的大小。

   A. 等效电阻   B. 实际电功率   C. 实际电压   D. 负载电流

3. 要扩大电压表的量程，应该自表头线圈上（   ）。

   A. 并联电阻   B. 串联电阻   C. 混联电阻   D. 串入整流管

4. 在全电路中，下列说法正确的是（   ）。

   A. 外电路电压与电源内电压相等   B. 开路时外电压等于电源电动势
   C. 开路时外电压等于零   D. 外电路短路时电源内电压等于零

5. 将一个 220V、40W 的白炽灯与一个 220V、100W 的白炽灯串联后接于 380V 电路中，它的发光亮度为（   ）。

   A. 100W 的比 40W 的亮   B. 40W 比 100W 的亮
   C. 两个一样亮   D. 都不对

三、简答题

1. 电路通常有哪几种状态？哪些状态应该尽量避免？为什么？

2. 电压、电位与电动势有何异同点？

3. 色环电阻器的阻值应如何读取？

四、计算分析题

1. 若有一根导线，每小时通过其横截面的电荷量为 900C，那么通过该导线的电流为多少？

2. 有一个电阻，两端加上 50mV 的电压时，电流为 10mA；当两端的电压为 10V 时，电流为多少？

3. 一个 1kW、220V 的电炉，正常工作时电流为多少？如果不考虑温度对电阻的影响，把它接在 110V 的电压上，它的功率将是多少？

单元 4

电容与电感

学习目标

1. 了解电容的概念,以及电容器的外形、种类与主要技术参数;了解电容器充放电的规律;理解电容器充放电的特点。
2. 理解磁场的概念,了解磁场中的基本物理量及其应用,掌握右手螺旋定则和左手定则。
3. 理解电磁感应现象,掌握电磁感应定律及右手定则。
4. 了解电感的概念,以及电感器的外形、参数;了解自感和互感的概念。

4.1 电容器

电容器在电力系统中用于提高供电系统的功率因数,在电子技术中常用来进行滤波、耦合、旁路、调谐、选频等。因此,了解电容器的结构、外形、种类及其主要技术参数是非常必要的。

4.1.1 认识电容器

一般来说,外形为圆柱体的是电解电容器,外形为扁圆形的是陶瓷电容器。

1. 电容器的结构

如图 4-1 所示,由两个彼此绝缘的导体引出两根导线所构成的元件为电容器。两个导体称为极板,从两个导体上引出的导线称为电极,两个导体之间的绝缘物质称为电介质。电容器的文字符号为 C,图形符号如表 4-1 所示。

表 4-1 电容器的图形符号

名称	电容器	极性电容器	预调电容器	可调电容器	双连可变电容器
图形符号	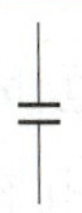 	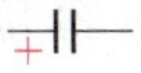			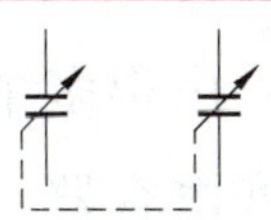

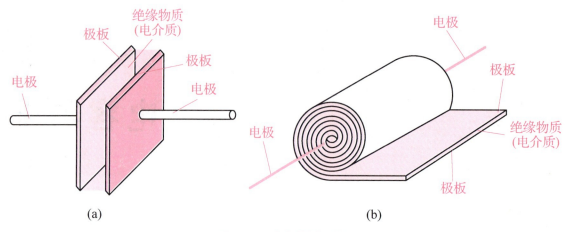

图 4-1 电容器的结构

2. 电容器的分类

电容器按其结构可分为固定电容器、可变电容器和微调电容器 3 种。

（1）固定电容器

电容量固定不可调节的电容器称为固定电容器。固定电容器按介质材料可分为纸介电容器、云母电容器、玻璃釉电容器、电解电容器、陶瓷电容器、涤纶电容器及金属膜电容器等。图 4-2 为常见的固定电容器。

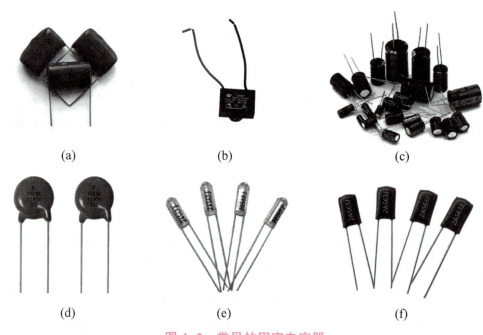

图 4-2　常见的固定电容器

（a）金属膜电容器；（b）风扇电容器；（c）电解电容器；
（d）陶瓷电容器（e）玻璃釉电容器；（f）涤纶电容器

（2）可变电容器

由很多半圆形动片和定片组成平行板式结构，电容量能在较大范围内调节的电容器称为可变电容器。常用的可变电容器有空气可变电容器和密封双联可变电容器，如图 4-3 所示。

它们一般用作调谐元件，常用于收音机调谐电路。

图 4-3　常见的可变电容器

（3）微调电容器

只能在较小范围（0 至几十皮法）内调节电容的电容器称为微调电容器。常见的微调电容器有陶瓷微调电容器、云母微调电容器、接线微调电容器等，如图 4-4 所示。微调电容器一般在高频回路中用于频率微调。

(a)　　　　　　　　　　(b)　　　　　　　　　　(c)

图 4-4　常见的微调电容器

(a) 陶瓷微调电容器；(b) 云母微调电容器；(c) 拉线微调电容器

3. 电容器的电容

电容器充电时，两极板因聚集电荷而带电，使两电极之间有一定的电压，在两极板之间形成电场，这种作用称为储存电场能。电容器一个极板上所带电量 Q 与两电极之间电压 U 的比值，称为电容器的电容（用符号 C 表示），即

$$C = Q/U$$

式中，C——电容，F（法）；

　　　Q——电量，C；

　　　U——电压，V。

实际使用的电容器的电容都很小，常用 μF（微法）和 pF（皮法）作为单位。各个单位之间的换算关系为

$$1F = 10^6 \mu F = 10^{12} pF$$

电容器的电容与电容器极板的正对面积成正比,与两极板之间的距离成反比。任何两个相邻的导体之间都存在电容,称为分布电容或寄生电容。它们对电路是有害的。

4. 电容器的主要技术参数

(1) 标称容量

成品电容器外壳上所标出的电容称为标称容量,如图4-5所示。

图4-5 电容器的标称容量与耐压

1) 有些电容器的电容直接在外壳上标出,如"10μF/16V";有的电容用字母和数字表示,如"1P2"表示1.2pF。

2) 有些电容器用3位数字表示标称容量,其中前两位数字表示电容的有效数字,最后一位数字表示有效数字后面加多少个零,单位是pF。

(2) 额定工作电压

电容器的额定工作电压又称耐压,是指电容器接入电路后,连续可靠工作所能承受的最大直流电压,超过其允许值可能造成电容器击穿损坏。电容器的额定工作电压常标注在成品电容器的外壳上,如图4-5所示。

(3) 允许误差

电容器的实际电容与标称容量之间存在一定误差,在国家标准规定的允许范围之内的误差称为允许误差。电容器的允许误差可采用直接标注、字母标注、罗马数字标注等多种方法标注在电容器的外壳上,如图4-6所示。

(a) (b)

图4-6 电容器允许误差的标注方法

(a) 直接标注;(b) 字母标注

电容器的允许误差级数分为±1%(00级)、±2%(0级)、±5%(Ⅰ级)、±10%(Ⅱ级)、±20%(Ⅲ级)。

用字母标注电容器允许误差时,字母所表示的含义如表4-2所示。

表 4-2　电容器允许误差标注中字母的含义

字母	D	F	G	J	K	M
允许误差/%	±0.5	±1	±2	±5	±10	±20

5. 影响电容器电容的因素及其极性、质量的判别

（1）影响电容器电容的因素

平行板电容器：平行板电容器由相互平行的金属板隔以电介质（绝缘介质）而构成，其电容与两极板的相对位置、极板的形状和大小，以及两平行板间的电介质有关，如图 4-7 所示。

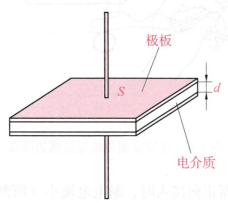

图 4-7　影响平行板电容器电容的因素

平行板电容器的电容为

$$C = \varepsilon S/d$$

式中，C——电容量，F；

　　　ε——介质的介电系数，F/m；

　　　S——两极板的相对有效面积，m^2；

　　　d——两极板间的距离，m。

（2）电容器的极性和质量判断

选择万用表 $R \times 10k$ 欧姆挡，将表笔与电容器两极并联，如图 4-8 所示，表针先向顺时针方向跳动一下，然后逐步按逆时针复原，即返至 $R = \infty$ 处。若表针不能退回 $R = \infty$ 处，则所指示的值就为电容器漏电的电阻值。

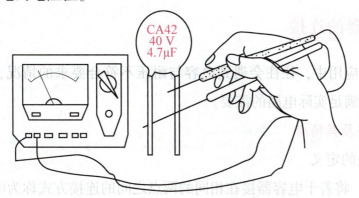

图 4-8　电容器与万用表连接示意图

读数：电容器漏电电阻数据的读取如图 4-9 所示。此值越大说明电容器的绝缘性能越好，一般应为几百到几千兆欧。图 4-9 中所测电容器漏电电阻值偏小，只有 1MΩ，说明此电容器性能不佳。

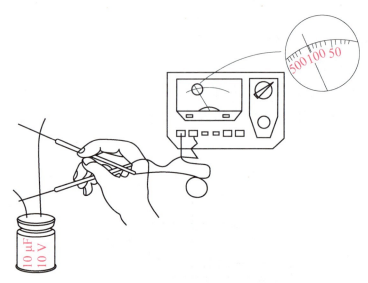

图 4-9　电容器漏电电阻数据的读取

极性判别：根据电解电容器正向接入时，漏电电流小（所测电阻大）；反接时漏电电流大（所测电阻小）的现象可判别电解电容器的极性，如图 4-10 所示。

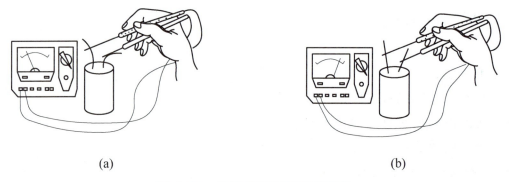

(a)　　　　　　　　　　　　　　(b)

图 4-10　判别电解电容器的极性

(a) 正向漏电流小；(b) 反向漏电流大

4.1.2　电容器的连接

在电容器的实际应用中，往往会遇到电容与耐压不符合要求的情况，此时人们可以将电容器做适当连接，以满足实际电路的需要。

1. 电容器的并联及其特点

（1）电容器并联的定义

如图 4-11 所示，将若干电容器接在相同的两点之间的连接方式称为电容器的并联。

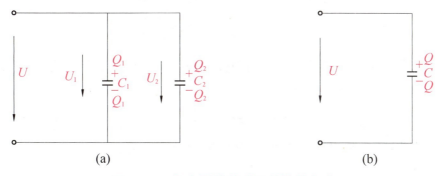

图 4-11 电容器的并联及其等效电路

（a）电容器的并联；（b）电容器并联的等效电路

（2）电容器并联的特点

电容器并联具有如下特点：

1）电容器并联后每个电容器两端所承受的电压相等，并且等于所接电路的电压 U，即

$$U = U_1 = U_2 = \cdots = U_n$$

2）电容器并联后的等效电容 C 等于各个电容器的电容之和，即

$$C = C_1 + C_2 + \cdots + C_n$$

3）电容器并联后的等效电容器极板上所带电荷量等于各个电容器极板上所带电荷量之和，即

$$Q = Q_1 + Q_2 + \cdots + Q_n$$

2. 电容器的串联及其特点

（1）电容器串联的定义

如图 4-12 所示，将若干电容器依次相连，中间无分支的连接方式称为电容器的串联。

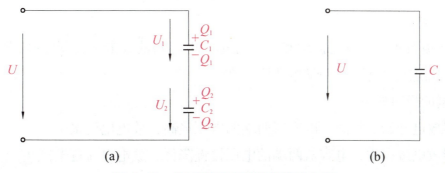

图 4-12 电容器的串联及其等效电路

（a）电容器的串联；（b）电容器串联等效电路

（2）电容器串联的特点

电容器串联有如下特点：

1）电容器串联后总电压等于每个电容器两端承受的电压之和，即

$$U = U_1 + U_2 + \cdots + U_n$$

实验证明：串联电容器实际分配的电压与其电容量成反比。

2）电容器串联后的等效电容 C 的倒数等于各个电容器的电容量的倒数之和，即

$$\frac{1}{C} = \frac{1}{C_1} + \frac{1}{C_2} + \cdots + \frac{1}{C_n}$$

3）电容器串联后各个电容器极板上所带电荷量相等，而且等于等效电容器极板上所带电荷量，即

$$Q = Q_1 = Q_2 = \cdots = Q_n$$

如果两个电容器串联，则串联时的等效电容常用下式计算：

$$C = \frac{C_1 C_2}{C_1 + C_2}$$

4.1.3 电容器的充放电

电容器是一种储能元件，下面介绍电容器的充放电过程。

1. 电容器的充电

使电容器两极板带上等量且异号电荷的过程称为电容器的充电。如图4-13所示，开关接1时，电源对电容器充电，C 两端电压增加到与电源电压相同。

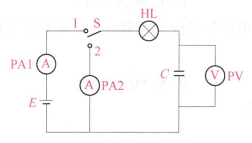

图4-13 电容器充放电电路

2. 电容器的放电

使电容器两极板所带正负电荷中和的过程称为电容器的放电。如图4-13所示，开关接2时，电容器对HL进行放电，C 两端电压降至0V。

电容器放电的规律如下：

1）电容器放电开始的瞬间，电容器两端的电压最高，放电电流最大。

2）电容器放电过程中，电容器两端的电压慢慢降低，放电电流逐渐减小。

3）放电结束时，电容器两端电压为零，充电电流为零。

由此可以得出电容器充放电实验的结论：电容器两端的电压不能突变，电容器能储存电荷，具有储存电荷的特性。

4.2 电感器

电感器也是电路中的基本元件，其特性为通直流、阻交流、通低频、阻高频。电感器在

电路中常用于交流信号的扼流、电源滤波、谐振选频。

电感器的文字符号为 L，单位有 H（亨）、mH（毫亨）、μH（微亨），它们之间的换算关系为

$$1H = 1000mH$$
$$1mH = 1000\mu H$$

电感器的图形符号如图 4-14 所示。

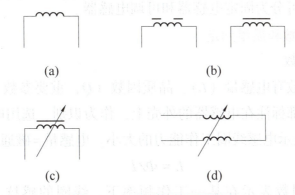

图 4-14 电感器的图形符号

电感的工作原理

4.2.1　认识电感器

1. 常见电感器的外形

电感器简称电感，是由绝缘导线绕制而成的线圈。不同电感量的电感器形式有差异，如有的是空芯线圈，有的是带有铁芯或磁芯的线圈，有的是环形线圈等，而且其体积、功率有大有小。常见电感器的外形如图 4-15 所示。

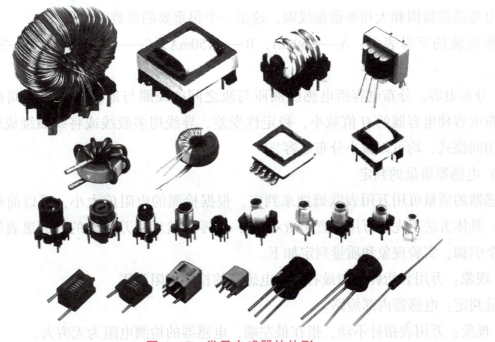

图 4-15 常见电感器的外形

2. 电感器的类型

按照外形，电感器可分为空芯电感器（空芯线圈）和实芯电感器（实芯线圈）。

按照工作性质，电感器可分为高频电感器（各种天线线圈、振荡线圈）和低频电感器（各种扼流圈、滤波线圈等）。

按照封装形式，电感器可分为普通电感器、色环电感器、环氧树脂电感器、贴片电感器等。

按照电感量，电感器可分为固定电感器和可调电感器。

3. 电感元件的技术参数和质量判定

（1）电感器的技术参数

电感器的主要技术参数有电感量（L）、品质因数（Q，重要参数）、标称电流、分布电容等，其中重要的技术参数都标注在电感器的外壳上，作为识别、选用电感器的依据。

1）电感量。电感量表示电感线圈工作能力的大小。电感量=磁通/电流，即

$$L = \Phi / I$$

2）品质因数。品质因数表示在某一工作频率下，线圈的感抗与其等效直流电阻的比值，即

$$Q = \omega L / R$$

式中，ω——工作频率；

L——线圈电感量；

R——线圈总损耗电阻。

Q值越大，线圈的铜耗越小，质量也就越好。中波收音机中周的Q一般为55~75。选频电路中，Q值越高，电路的选频特性越好。

3）标称电流。标称电流指规定温度下，线圈正常工作时所能承受的最大电流。对于阻流线圈、电源滤波线圈和大功率谐振线圈，这是一个很重要的参数。

标称电流的字母表示：A——50mA，B——150mA，C——300mA，D——700mA，E——1600mA。

4）分布电容。分布电容指电感线圈匝与匝之间、线圈与地及屏蔽盒之间存在的寄生电容。分布电容使电容器的Q值减小，稳定性变差。导线用多股线或将线圈绕成蜂房式、天线线圈采用间绕式，均可以减小分布电容。

（2）电感器质量的判定

电感器的质量可用万用表欧姆挡来判定。根据检测的电阻值大小，可以简单判定电感器的质量。具体方法为先将万用表置于$R \times 1$挡，调零，然后用万用表的红、黑表笔分别接电感器的两个引脚，实验现象和质量判定如下。

1）现象：万用表指针指向最右端，电感器的检测电阻为零。

质量判定：电感器内部短路。

2）现象：万用表指针不动，指在最左端，电感器的检测电阻为无穷大。

质量判定：电感器断路。

3）现象：万用表有一定摆幅，电感器的检测电阻为一定值。

质量判定：电感器可用。

4.2.2　电感器的应用

电感器在电路中主要用于谐振、耦合、匹配、滤波等。电感器在电路中最常见的应用就是与电容一起，组成 LC 滤波电路。电容器具有"阻直流、通交流"的功能，电感器具有"通直流、阻交流"的功能。如果把伴有许多干扰信号的直流电通过 LC 滤波电路，那么交流干扰信号将被电容器变成热能消耗掉，从而使伴有许多干扰信号的直流电变成比较纯净的直流电流。当该直流电流通过电感器时，其中的交流干扰信号将被消耗，即可抑制较高频率的干扰信号。

4.3　电磁感应

磁现象

电磁感应现象是电磁学中的重要发现之一，它揭示了电、磁现象之间的联系。电磁感应现象在电工技术、电子技术及电磁测量等领域应用广泛，使人类社会迈进了电气化时代。

4.3.1　磁场

1. 磁体与磁极

人们把物体能够吸引铁、镍、钴等金属及其合金的性质称为磁性，把这种具有磁性的物体称为磁体。磁体分为天然磁体和人造磁体。天然存在的磁体称为天然磁体，如地球。我们看见的磁体一般是人造的，常见的人造磁体有条形磁铁、蹄形磁铁、针形磁铁等。

磁体两端磁性最强的部分称为磁极。一个可以在水平面内自由转动的条形磁铁或小磁针，静止后总是一个磁极指南，一个磁极指北。其中，指南的磁极称为指南极，简称南（S）极；指北的磁极称为指北极，简称北（N）极。

2. 磁场与磁感线

磁极之间存在着相互作用力，同名磁极相互排斥，异名磁极相互吸引。人们把磁极之间的相互作用力及磁体对周围铁磁体的吸引力统称为磁力。力是物体对物体的作用，它需要某种媒介来传递，那么磁力是靠什么来传递的呢？

（1）磁场

在磁体周围的空间中，存在一种特殊的物质，我们把它称为磁场，它看不见、摸不着，但是具有一般物质所固有的一些属性（如力和能的特性）。

互不接触的磁体之间存在的相互作用力就是通过磁场这一媒介来传递的。磁场有方向性。判断某空间是否存在磁场，一般可用一个小磁针来检验：能使小磁针转动，并总是停留在一个固定方向的空间存在磁场。人们规定，在磁场中某一点放一个能够自由旋转的小磁针，小磁针静止时北极所指的方向就是该点的磁场方向，如图 4-16 所示。

图 4-16 用小磁针判断磁场的方向

(2) 磁感线

为了形象地描绘磁场,可以在磁场中画出一系列假想的曲线,这些曲线上任意一点的切线方向与该点的磁场方向一致,人们把这些线称为磁感线。磁感线可以用实验的方法形象地描绘出来,如图 4-17 所示。

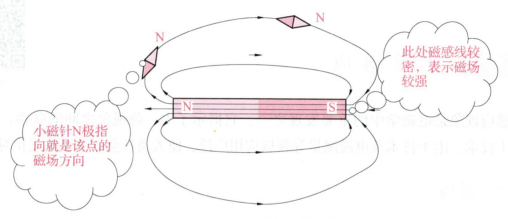

图 4-17 条形磁铁的磁感线

磁感线的特征如下:

1) 磁感线是互不交叉的闭合曲线。在磁体外部由 N 极指向 S 极,在磁体内部由 S 极指向 N 极。

2) 磁感线上任意一点的切线方向就是该点的磁场方向(图 4-18),即小磁针 N 极所指的方向。

3) 磁感线的密疏程度表示磁场的强弱,即磁感线越密的地方磁场越强,反之越弱。磁感线均匀分布而又相互平行的区域称为均匀磁场,反之称为非均匀磁场。

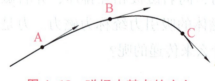

图 4-18 磁场中某点的方向

通常,平行于纸面的磁感线用带箭头的线段表示。垂直于纸面向里的磁感线用符号"×"表示,垂直于纸面向外的磁感线用符号"•"表示。

3. 电流的磁场

1820 年,丹麦物理学家奥斯特在实验中发现,放在导线旁边的小磁针在导体通电时会发生偏转。小磁针为什么会发生偏转呢?通过反复实验发现,电流通过导体后周围存在磁场,这种现象称为电流的磁效应。电流越大，产生的磁场越强。

磁场是有方向的，那么由电流产生的磁场的方向应怎样判断呢？法国科学家安培通过实验确定了通电导体周围的磁场方向，并用磁感线对磁场进行了描绘。

（1）通电直导线产生的磁场

通电直导线周围磁场的磁感线是以直导线上各点为圆心的一些同心圆，这些圆位于与导线垂直的平面上，如图4-19所示。电流所产生的磁场方向可以用安培定则（又称右手螺旋定则）来判断。

（2）通电线框内的磁场方向

通电线框内的磁场方向和电流方向的关系同样可用安培定则来判定，如图4-20所示。

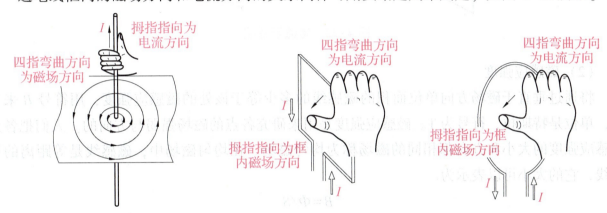

图4-19　直导线电流产生的磁场　　　　图4-20　通电线框内的磁场方向

（3）通电螺线管的磁场方向

当一个螺线管有电流通过时，它表现出来的磁性类似于条形磁铁，通电螺线管的磁场方向与电流方向之间的关系也可用安培定则来判断，如图4-21所示。

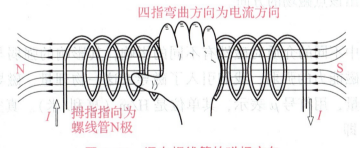

图4-21　通电螺线管的磁场方向

4. 磁场的基本物理量

用磁感线的疏密程度可以形象地描绘磁场，但是这样只能进行定性分析，要定量地解决问题，还需要引入磁场的基本物理量。

（1）磁通

通过垂直于磁场方向某一面积的磁感线的总数，称为该面积的磁通量，简称磁通，用字母 Φ 表示。

磁通的单位为韦伯，简称韦，符号为Wb。图4-22形象地描绘了某一面积上的磁通。磁通可以定量地描述磁场在一定面积上的分布情况。当面积一定时，通过该面积的磁通越大，磁场就越强。

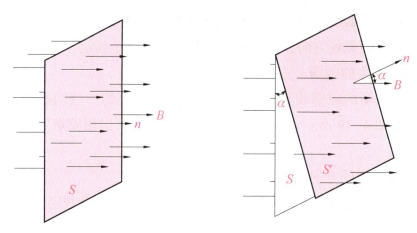

图 4-22 磁通示意图

(2) 磁感应强度

将通过垂直于磁场方向单位面积的磁感线的多少等于该处的磁感应强度，用符号 B 来表示，单位是特斯拉，符号为 T。磁感应强度是用来研究各点的磁场强弱与方向的。人们把各点磁感应强度的大小和方向都相同的磁场称为均匀磁场。在均匀磁场中，磁感线是等距离的平行线，它的大小可以表示为

$$B = \Phi/S$$

式中，B——磁感应强度，T；

Φ——磁通，Wb；

S——面积，m^2。

磁感线上某点的切线方向就是该点磁感应强度的方向。磁感应强度不仅能表示出某点磁场的强弱，还能表示出该点磁场的方向。

(3) 磁导率

实验表明，线圈中不同的介质对磁性有不同的影响，其影响的强弱与介质的导磁性能有关。为了衡量物质导磁能力的强弱，我们引入了磁导率这一物理量。磁导率是用来表示介质导磁性能好坏的物理量，用符号 μ 表示，其单位是 H/m（亨利/米）。真空中的磁导率是一个常数，常用 μ_0 表示，即

$$\mu_0 = 4\pi \times 10^{-7} \mathrm{H/m}$$

把任一物质的磁导率与真空磁导率的比值称为相对磁导率，用 μ_r 表示，即

$$\mu_r = \mu/\mu_0$$

相对磁导率是一个比值，没有单位。它表示在其他条件相同的情况下，介质中的磁感应强度是真空中磁感应强度的多少倍，即 $\mu = \mu_r \mu_0$。

4.3.2 磁场对电流的作用

1. 磁场对载流直导体的作用

如图 4-23 所示，通电的直导体周围存在磁场，它就成了一个磁体，把这个磁体放到另一

个磁场中，它也会受到磁力的作用。这就是通常所说的"电磁生力"。

设导体的长度为 l，导体中的电流为 I，导体在磁场中受到的作用力用符号 F 表示。当导体中的电流方向与磁场方向垂直时，导体受到的作用力的大小为

$$F = BIl$$

受力方向如图 4-24 所示。

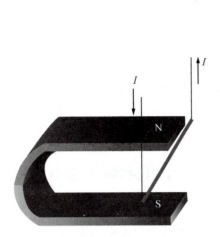

图 4-23　磁场中的通电导体

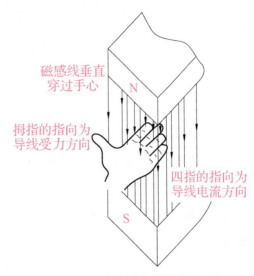

图 4-24　受力方向的判断示意

当通电导体中的电流方向与磁感线的夹角为 α 时，导体受到作用力的大小为

$$F = BIl\sin\alpha$$

式中，F——通电导体受到的电磁力大小，N；

　　　B——磁感应强度，T；

　　　I——导体中的电流，A；

　　　l——导体在磁场中的长度，m；

　　　α——电流方向与磁感线的夹角。

如图 4-25 所示，当 $\alpha = 90°$ 时，$\sin 90° = 1$，导体受到的电磁力最大；当 $\alpha = 0°$ 时，$\sin 0° = 0$，导体受到的电磁力最小，等于零。

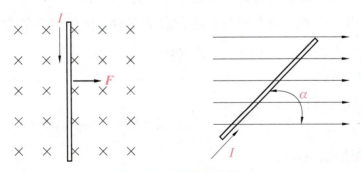

图 4-25　磁场中的导体

通电导体在磁场内的受力方向可用左手定则来判断，如图 4-26 所示。

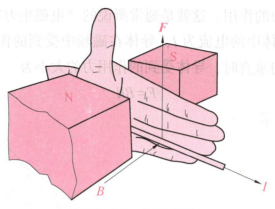

图 4-26 左手定则

左手定则：伸开左手，拇指与四指垂直放在一个平面上，让磁感线垂直穿过手心，四指指向电流方向，拇指所指的方向就是导体所受的磁力方向。

2. 磁场对通电线圈的作用

把通电的线圈放到磁场中，磁场将对通电线圈产生一个电磁转矩，使线圈绕轴线转动，如图 4-27 所示。

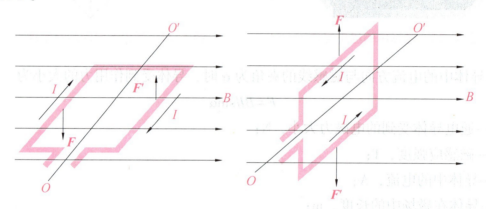

图 4-27 磁场对通电线圈的作用

3. 磁场对运动电荷的作用

运动电荷在磁场中受到的电磁力称为洛伦兹力，用 f 表示。

在均匀磁场中，当电荷的运动方向与磁场方向垂直时，洛伦兹力的表达式为

$$f = Bqv$$

式中，f——洛伦兹力，N；

B——磁感应强度，T；

q——电量，C；

v——电荷运动速度，m/s。

洛伦兹力的方向同样遵循左手定则。

4.3.3　认识电磁感应现象

由于磁通变化而在直导体或线圈中产生电动势的现象称为电磁感应。由电磁感应产生的

电动势称为感应电动势，电磁感应产生的电流称为感应电流。

闭合回路中一部分导体做切割磁感线运动时，产生的感应电流的方向可用右手定则确定。

右手定则：伸开右手，使拇指与其余四指垂直，且都与手掌在同一平面内，让磁感线垂直穿入手心，拇指指向导线运动方向，四指所指的方向就是导线中感应电流的方向。

1. 直导体切割磁感线产生感应电动势

如图 4-28 所示，当闭合回路中直导体做切割磁感线运动时，电流计会发生偏转，说明电路中产生了感应电流和感应电动势。当闭合回路中直导体做平行磁感线运动时，电流计不发生偏转，说明没有产生感应电流和感应电动势。

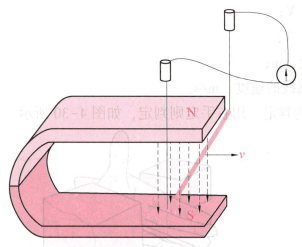

图 4-28　直导体切割磁感线运动

结论：导体垂直于磁感线运动时，产生电动势，电动势的大小跟切割速度成正比。导体平行于磁感线运动时，不产生电动势。

2. 穿过线圈的磁通发生变化产生感应电动势

如图 4-29 所示，当使条形磁铁插入和拔出线圈时，电流计发生偏转，说明电路中产生了感应电流和感应电动势。当条形磁铁在线圈中不动时，电流计不发生偏转，说明电路中没有产生感应电流和感应电动势。

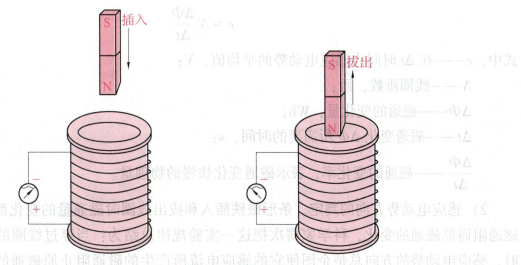

图 4-29　穿过线圈的磁通发生变化

结论：通过线圈中的磁通发生变化时，线圈会产生电动势，电动势的大小与磁通变化速度成正比。

3. 感应电动势的大小和方向

感应电动势：由电磁感应产生的电动势，用 e 表示。

感应电流：由感应电动势产生的电流，用 i 表示。

（1）直导体切割磁感线产生感应电动势的计算

1）感应电动势大小的计算式为

$$e = Blv$$

式中，e——感应电动势，V；

B——磁感应强度，T；

l——直导体的长度，m；

v——导体切割磁感线的速度，m/s。

2）感应电动势方向的判定。用右手定则判定，如图 4-30 所示。

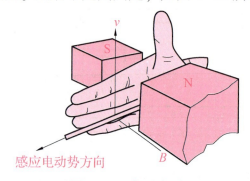

图 4-30　右手定则

法拉第电磁感应现象

（2）穿过线圈的磁通发生变化产生感应电动势的计算

1）感应电动势大小的计算。法拉第把电磁感应实验中感应电动势的大小与线圈中磁通变化的关系总结为法拉第电磁感应定律，即线圈中感应电动势的大小与此线圈中磁通的变化率成正比，表达式为

$$e = N\frac{\Delta\Phi}{\Delta t}$$

式中，e——在 Δt 时间内感应电动势的平均值，V；

N——线圈匝数，匝；

$\Delta\Phi$——磁通的变化量，Wb；

Δt——磁通变化 $\Delta\Phi$ 所需要的时间，s；

$\dfrac{\Delta\Phi}{\Delta t}$——磁通的变化率，表示磁通变化快慢的物理量。

2）感应电动势方向的判定。条形磁铁插入和拔出线圈时磁通量的变化都可以认为是感应磁通阻碍原磁通的变化，科学家楞次把这一实验规律总结为：当穿过线圈的磁通量发生变化时，感应电动势的方向总是企图使它的感应电流所产生的磁通阻止原磁通的变化，这就是楞次定律，又称磁场惯性定律，即感应电动势总是阻碍外磁场的变化。楞次定律用以判断线圈中感应电动势的方向。

用楞次定律确定感应电流方向的步骤如下：

① 确定原磁通的方向，以及原磁通的变化趋势。

② 根据楞次定律判定感应电流产生的磁通方向。

③ 根据感应电流产生的磁通方向，应用安培定则判定感应电流的方向。

④ 根据感应电流的方向，确定感应电动势的方向。

4.3.4　认识自感现象

1. 自感现象

如图 4-31 所示，由于流过线圈本身的电流发生变化而引起的电磁感应现象称为自感现象，简称自感。在自感现象中产生的感应电动势称为自感电动势，用 e_L 表示，自感电流用 i_L 表示。

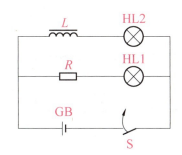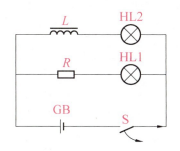

图 4-31　自感现象

图 4-31 所示电路中，闭合开关，HL2 比 HL1 亮得慢；断开开关，HL2 和 HL1 慢慢熄灭。

2. 自感系数

自感电流产生的磁通称为自感磁通。为了衡量不同线圈产生自感磁通的本领，引入自感系数（也称电感）这一物理量，用 L 表示，有

$$L = \frac{N\Phi}{i}$$

式中，L——自感系数，H；

N——线圈匝数，匝；

Φ——每一匝线圈的自感磁通，Wb；

i——流过线圈的电流，A。

4.3.5　认识互感现象

1. 互感现象

一个线圈中的电流发生变化而在另一线圈中产生电磁感应的现象，称为互感现象，简称互感，如图 4-32 所示。由互感产生的感应电动势称为互感电动势，用 e_M 表示，有

$$e_M = M \frac{\Delta i_1}{\Delta t}$$

式中，M——互感系数，简称互感，单位是 H。

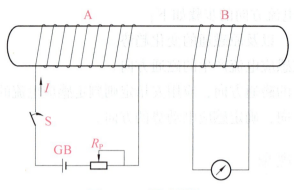

图 4-32　互感现象

2. 互感线圈的同名端

由于线圈绕向一致而产生感应电动势的极性始终保持一致的接线端，称为线圈的同名端，用"·"或"＊"表示，如图 4-33 所示。

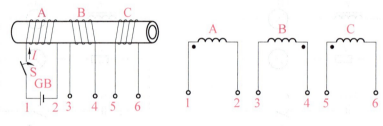

图 4-33　互感线圈的同名端

思考与练习

一、填空题

1. 有两个电容器的电容分别为 C_1 和 C_2，且 $C_1 > C_2$，如果加在这两个电容器上的电压相等，则电容量为_____的电容器所带的电量多；如果两个电容器所带的电量相等，则电容量为_____的电压高。

2. 电容器按其结构可分为_____电容器、_____电容器和_____电容器。

3. 两个电容器电容分别为"10μF"和"30μF"，则它们并联后的等效电容为_____，串联后的等效电容为_____。

4. 磁通是_____和与其垂直的某一面积的乘积。

5. 电流的磁场方向可用_____来判定，通电直导线中电流越强，则_____越强，越靠近直导线，磁感线_____。

二、选择题

1. 某电容器的电容为 C，则不带电时它的电容是（　　）。
　　A. 0　　　　　　　B. C　　　　　　　C. 小于 C　　　　　　　D. 大于 C

2. 两个相同的电容器并联之后的电容，跟它们串联之后的电容之比是（　　）。

A. 4∶1　　　　B. 1∶4　　　　C. 1∶2　　　　D. 2∶1

3. 电容器并联使用时将使总电容量（　　）。

　A. 增大　　　　B. 减小　　　　C. 不变

4. 两个电容器串联后接在直流电路中，若 $C_1 = 3C_2$，则 C_1 两端的电压是 C_2 两端的（　　）倍。

　A. 3　　　　B. 9　　　　C. 1/9　　　　D. 1/3

5. 在某一电路中，需要接入一个 16μF、耐压 800V 的电容器，现只有 16μF、耐压 450V 的电容器数个，为了达到上述要求，需将（　　）。

A. 2 个 16μF 电容器串联后接入电路

B. 2 个 16μF 电容器并联后接入电路

C. 4 个 16μF 电容器先两两并联，再串联接入电路

D. 无法达到上述要求

6. 条形磁铁中，磁性最强的部位在（　　）。

　A. 中间　　　　B. 两极　　　　C. 整体

7. 磁感线上任一点（　　）方向，就是该点的磁场方向。

　A. 指向 N 极　　　　B. 切线　　　　C. 直线

8. 磁感线的密疏程度反映了磁场的强弱，越密的地方表示磁场（　　）。

　A. 越强　　　　B. 越弱　　　　C. 越均匀

9. 判断通电直导线或通电线圈产生的磁场方向用（　　）。

　A. 右手定则　　　　B. 右手螺旋定则　　　　C. 左手定则

10. 两根平行直导线通过相反方向的直流电流时，它们之间的作用力（　　）。

　A. 互相排斥　　　　B 互相吸引　　　　C. 无相互作用　　　　D. 都不正确

三、简答题

1. 因为 $C = Q/U$，所以 C 与 Q 成正比，C 与 U 成反比，对吗？为什么？

2. 有两个电容器，一个电容量较大，另一个电容量较小，如果它们所带的电量一样，那么哪一个电容器上的电压高？如果它们充得的电压相等，那么哪一个电容器的电量大？说明理由。

3. 什么是电磁感应定律？

四、计算分析题

某一电容器带电 10^{-5} C，两极板间的电压为 200V，如果其他条件不变，只将电量增加 10^{-6} C，两极板间的电压变为多大？在这个过程中，电容器的电容量有没有变化？若有变化，变化了多少？

单元 5

单相正弦交流电

学习目标

1. 了解单相正弦交流电的产生过程。
2. 了解单相正弦交流电的相关物理量。
3. 了解纯电阻、纯电感和纯电容电路的特性。
4. 了解 R、L、C 电路的特性。

5.1 单相正弦交流电的产生

1. 正弦交流电的定义

大小和方向随时间按正弦规律变化的交流电称为正弦交流电。在生活中，人们所说的交流电指的就是正弦交流电。

2. 正弦交流电的产生

正弦交流电可以由交流发电机提供，也可以由振荡器产生。交流发电机主要用于提供电能，振荡器主要用于产生各种交流信号。

下面主要介绍交流发电机产生正弦交流电的工作原理。

在发电机内部有一个由发动机带动的转子（旋转磁场）。在磁场外有一个定子绕组，绕组有 3 组线圈（三相绕组），在空间上彼此相隔 120°。当转子旋转时，旋转的磁场使固定的电枢绕组切割磁感线（或者说使电枢绕组中通过的磁通量发生变化）而产生电动势。我们以其中一相绕组为例，如图 5-1 所示。

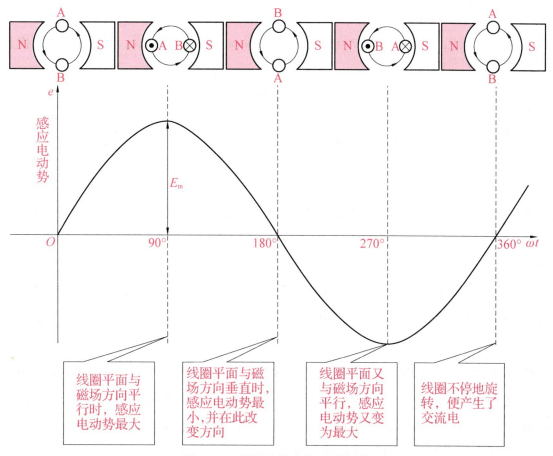

图 5-1 正弦交流电的产生过程

5.2 正弦交流电的相关参数

5.2.1 周期、频率和角频率

1. 周期

正弦交流电完成一次周期性变化所用的时间，称为周期，用字母 T 表示，单位是 s。

2. 频率

交流电在单位时间（1s）内完成周期性变化的次数，称为频率，用字母 f 表示，单位是赫[兹]，符号为 Hz。常用单位还有 kHz（千赫）和 MHz（兆赫），换算关系为

$$1\text{kHz} = 10^3 \text{Hz}$$
$$1\text{MHz} = 10^6 \text{Hz}$$

周期与频率的关系为

$$T = 1/f$$

3. 角频率

交流电每秒内变化的电角度称为角频率，用字母 ω 表示，单位是 rad/s（弧度/秒）。角频率与频率 f 之间的关系为

$$\omega = 2\pi f$$

5.2.2 瞬时值、最大值和有效值

1. 瞬时值

交流电在任一瞬间的值称为瞬时值，用小写字母表示。例如，i、u、e 分别表示电流、电压、电动势的瞬时值。

2. 最大值

瞬时值中最大的值称为最大值，又称峰值或振幅值，用带有下标 m 的大写字母表示，例如，I_m、U_m、E_m 分别表示电流、电压、电动势的最大值。

3. 有效值

将交流电和直流电分别加在同样阻值的电阻上，如果在相同的时间内两者产生的热量相等，那么就把这一直流电的大小称为相应交流电的有效值，用大写字母表示。例如，I、U、E 分别表示电流、电压、电动势的有效值。在日常生活中，人们用交流电压表和交流电流表测得的值及电气设备铭牌上的额定值都是有效值。

理论和实验都可以证明，正弦交流电的最大值是有效值的 $\sqrt{2}$ 倍，即

$$I = \frac{I_m}{\sqrt{2}} \approx 0.707 I_m$$

$$U = \frac{U_m}{\sqrt{2}} \approx 0.707 U_m$$

$$E = \frac{E_m}{\sqrt{2}} \approx 0.707 E_m$$

5.2.3 相位、初相位和相位差

1. 相位

t 时刻正弦交流电对应的电角度 $\omega t + \varphi_0$，称为相位。它决定交流电每一瞬间的大小，用 rad（弧度）表示。

2. 初相位

当 $t = 0$ 时，相位 $\varphi = \varphi_0$，φ_0 称为初相位（简称初相）。它反映了正弦交流电起始时刻的状态。

3. 相位差

两个同频正弦交流电，任一瞬间的相位之差称为相位差，用符号 ϕ 表示，即

$$\phi = (\omega t + \varphi_{01}) - (\omega t + \varphi_{02}) = \varphi_{01} - \varphi_{02}$$

在实际应用中，规定用绝对值小于 π 的角度（弧度值）表示相位差。

当 $0<\phi<\pi$ 时，波形如图 5-2（a）所示，i_1 总比 i_2 先经过对应的最大值和零值，这时就称 i_1 超前 $i_2\phi$ 角（或称 i_2 滞后 $i_1\phi$ 角）。

当 $-\pi<\phi<0$ 时，波形如图 5-2（b）所示，称为 i_1 滞后于 i_2（或称 i_2 超前 i_1）。

当 $\phi=0$ 时，波形如图 5-2（c）所示，称为 i_1 与 i_2 相位相同，简称同相。

当 $\phi=\pi$ 时，波形如图 5-2（d）所示，称为 i_1 与 i_2 相位相反，简称反相。

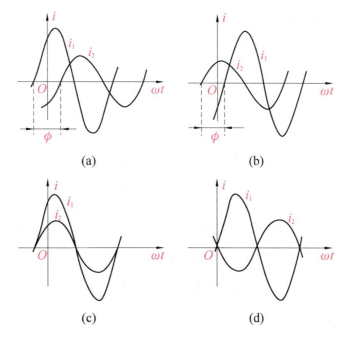

图 5-2 正弦交流电的相位差

（a）$0<\phi<\pi$；（b）$-\pi<\phi<0$；（c）$\phi=0$；（d）$\phi=\pi$

总结：最大值、频率和初相位称为正弦交流电的三要素。

5.3 单一参数的正弦交流电路

许多电子仪器、设备中大量使用电阻器、电感器和电容器。电阻、电感、电容是交流电路的 3 个基本参数，分析各种交流电路时常以单一参数元件的电路为基础。由于交流电路中电压、电流的大小和方向随时间做周期性变化，因而交流电路的分析计算比直流电路复杂。在交流电路中，电感器和电容器对交流电流起着不可忽视的作用。为了分析方便，常常从单一参数元件的电路着手，分析这些元件在正弦交流电路中时电压、电流的相量关系及功率。

5.3.1 纯电阻电路

在交流电路中，只考虑负载电阻作用的电路称为纯电阻电路，如电灯、电烙铁、电暖器等的电路，如图 5-3 所示。

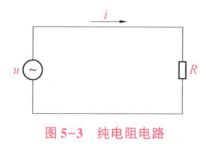

图 5-3　纯电阻电路

电阻元件属于耗能元件，满足欧姆定律。其特性如下：

1. 伏安特性

1）相位相同。

2）电压与电流的关系：

$$R = \frac{U}{I} = \frac{\sqrt{2}\,U}{\sqrt{2}\,I} = \frac{U_m}{I_m}$$

2. 功率

功率有瞬时功率（用 p 表示）和有功功率（用 P 表示），都等于相应的电压乘以电流，即

$$p = UI - UI\cos 2wt$$
$$P = UI = U^2/R = I^2 R$$

5.3.2　纯电感电路

电路中只有线圈（电感元件）且线圈电阻忽略不计的交流电路称为纯电感交流电路，又称纯电感电路，如图 5-4 所示。

电感元件属于储能元件，不满足欧姆定律。其特性如下：

1. 伏安特性

1）电感元件从相位上电压超前于电流 90°电角度，相量图如图 5-5 所示。

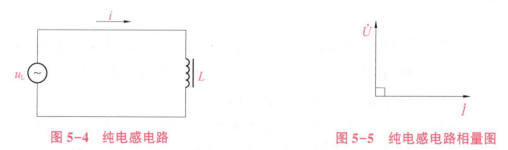

图 5-4　纯电感电路　　　　　　　　图 5-5　纯电感电路相量图

2）电压与电流的关系：

$$U = \omega L I = 2\pi f L I = I X_L$$

式中，$X_L = 2\pi f L = \omega L$ 称为电感元件的电抗，简称感抗。感抗反映了电感元件对正弦交流电流

的阻碍作用；感抗的单位与电阻相同，也是 Ω。

2. 功率

功率有瞬时功率（用 p 表示）和无功功率（用 Q_L 表示），都等于相应的电压乘以电流，即

$$瞬时功率：p = u_L i_L = U_L I_L \sin 2\omega t$$

$$无功功率：Q_L = U_L I_L = I_L^2 X_L = \frac{U_L^2}{X_L}$$

无功功率等于瞬时功率中去除有功功率后剩余功率的最大值，它表示能量交换的能力。

5.3.3 纯电容电路

电路中只有电容元件且电容电阻忽略不计的交流电路称为纯电容交流电路，又称纯电容电路，如图 5-6 所示。

电容元件属于储能元件，不满足欧姆定律。其特性如下：

1. 伏安特性

1）电容元件从相位上电流超前于电压 90°电角度，相量图如图 5-7 所示。

电容元件

图 5-6 纯电容电路　　　图 5-7 纯电容电路相量图

2）电压与电流的关系：

$$I_C = U\omega C = U 2\pi f C = U/X_C$$

式中，$X_C = \dfrac{1}{\omega C}$ 称为电容元件的电抗，简称容抗。容抗反映了电容元件对正弦交流电流的阻碍作用；容抗的单位与电阻相同，也是 Ω。

2. 功率

功率有瞬时功率（用 p 表示）和无功功率（用 Q_C 表示），都等于相应的电压乘以电流，即

$$瞬时功率：p = u_C i_C = U_C I_C \sin 2\omega t$$

$$无功功率：Q_C = U_C I_C = I_C^2 X_C = U_C^2 / X_C$$

无功功率等于瞬时功率中去除有功功率后剩余功率的最大值，它表示能量交换的能力。

5.4 R、L、C 串联交流电路

前面我们学习了单一元件的性质，但是在实际电路中，单一元件的电路基本上是不存在的，大部分由两种及以上元件组成。电阻、电容及电感串联后组成的电路有何性质呢？电阻、电容及电感串联电路如图 5-8 所示。

1. 伏安特性

电阻、电容及电感串联电路相量图如图 5-9 所示。

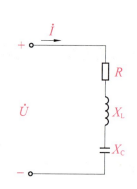

图 5-8　电阻、电容及电感串联电路

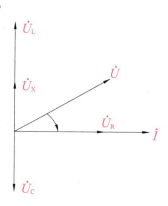

图 5-9　电阻、电容及电感串联电路相量图

用 Z 表示总的阻抗，有

$$Z = R + j(X_L - X_C)$$

1) 当 $X_L > X_C$ 时，电路呈感性。
2) 当 $X_L = X_C$ 时，电路呈纯电阻性。
3) 当 $X_L < X_C$ 时，电路呈容性。

2. 功率

1) 瞬时功率：

$$p = UI\cos\varphi - UI\cos(2\omega t - \varphi)$$

2) 有功功率：

$$P = UI\cos\varphi = U_R I = I^2 R$$

有功功率就是瞬时功率的平均值，$\cos\varphi$ 称为 R、L、C 电路的功率因数。

3) 无功功率：

$$Q = UI\sin\varphi$$

无功功率反映的是电路储能元件的能量交换情况，它等于能量变换的最大功率。

4) 视在功率：

$$S = UI$$

$$S = \sqrt{P^2 + Q^2}$$

$$\cos\varphi = \frac{P}{S} = \frac{R}{|Z|}$$

视在功率、有功功率和无功功率构成一个直角三角形，称为功率三角形。

思考与练习

一、填空题

1. 交流电的大小和_____都随时间发生周期性变化，且在一个周期内其平均值为零。
2. 正弦交流电是指电压、电流随时间按_____规律变化的交流电。
3. 我国工业及生活使用的交流电周期为_____，频率为_____。
4. 正弦交流电的最大值与有效值的关系是_____。
5. 正弦交流电的3个基本要素是_____、_____和_____。
6. 已知 $u(t) = -6\sin(314t + 30°)$，$U_\mathrm{m} =$ _____ V，$\omega =$ _____ rad/s，$\varphi =$ _____ rad，$T =$ _____ s，$f =$ _____ Hz。
7. 已知两个正弦交流电流 $i_1 = 10\sin(314t - 30°)$ A，$i_2 = 210\sin(314t + 60°)$ A，则 i_1 和 i_2 的相位差为_____，_____超前_____。
8. 已知正弦交流电压 $u = 10\sin(314t + 60°)$ V，该电压有效值为_____。
9. 在纯电感交流电路中，电压与电流的相位关系是电压_____电流90°，感抗 $X_\mathrm{L} =$ _____，单位是_____。
10. 在纯电容交流电路中，电压与电流的相位关系是电压_____电流90°，容抗 $X_\mathrm{C} =$ _____，单位是_____。

二、判断题

1. 正弦量的初相位与起始时间的选择有关，而相位差与起始时间无关。（   ）
2. 正弦量的基本三要素是最大值、频率和相位。（   ）
3. 两个不同频率的正弦量可以求相位差。（   ）
4. 人们平时所用的交流电压表、电流表测出的数值是有效值。（   ）
5. 频率不同的正弦量可以在同一相量图中画出。（   ）

三、简答题

1. 简述正弦交流电的产生过程。
2. 简述 R、L、C 并联电路提高功率因数的原理。

单元 6

三相正弦交流电路

学习目标

1. 理解三相正弦交流电的产生。
2. 理解三相交流发电机的结构。
3. 理解三相交流电的相序。
4. 掌握星形联结、三角形联结。
5. 掌握三相异步电动机的工作原理。
6. 掌握三相异步电动机的检测方法。

6.1 三相正弦交流电的产生

1. 三相交流发电机的结构

交流电的供电方式有两种，一种是单相交流电，另一种是三相交流电。实际应用中电能的产生、输送和分配大多采用三相交流电。与单相交流电相比，三相交流电有很多优势：

1) 三相发电机比同体积的单相发电机输出的功率更大。
2) 三相发电机结构简单，使用维护方便，且运转时比单相发电机振动小。
3) 相同情况下输送相同功率的电能，三相输电比单相输电节省材料。

三相交流电动势是由三相交流发电机产生的。图 6-1（a）所示为旋转磁极式三相交流发电机的原理示意图，它主要由定子和转子组成。转子式电磁铁的表面磁场按正弦规律分布。定子铁芯中嵌放三相尺寸、匝数和绕法完全相同的绕组，每相绕组在空间上互成 120°。三相绕组的始端分别用 U_1、V_1、W_1 表示，末端分别用 U_2、V_2、W_2 表示，如图 6-1（b）所示。若 3 个电动势的最大值相等、频率相同、相位互差 120°，则称其为三相对称交流电动势。

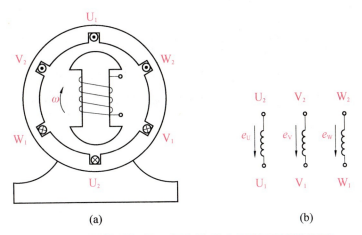

图 6-1 旋转磁极式三相交流发电机的原理示意图

当转子绕组在原动力作用下以 ω 的角速度旋转时，三相定子绕组做切割磁感线运动，产生对称的 3 个交流电动势，其解析表达式为

$$\begin{cases} e_U = E_m \sin\omega t \\ e_V = E_m \sin(\omega t - 120°) \\ e_W = E_m \sin(\omega t + 120°) \end{cases}$$

其对应的波形图和相量图如图 6-2 所示。

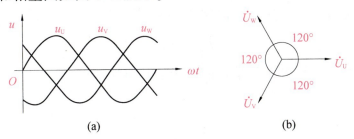

图 6-2 三相交流电的波形图及相量图

(a) 波形图；(b) 相量图

2. 三相交流电的相序

3 个电动势到达最大值或零值的先后次序称为相序。如图 6-3 所示，3 个电动势的相序是 U 相—V 相—W 相—U 相，这样的相序称为正序。若到达最大值或零值的次序是 U 相—W 相—V 相—U 相，则称为负序或逆序。

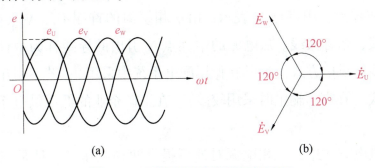

图 6-3 三相电动势波形与相量图

(a) 波形图；(b) 相量图

3. 三相四线制电源

在实际应用中，特别是低压供电系统中，将三相交流发电机定子绕组的 3 个首端分别引出 3 根线，称为相线，分别用 U、V、W 表示；3 个末端连接在一起引出一根线，称为中性线，一般用 N 表示，如图 6-4 所示。由于三相用 4 根线，所以这种电源称为三相四线制电源。

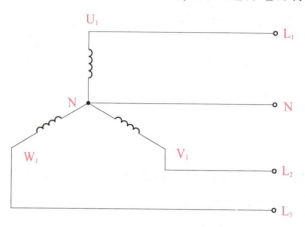

图 6-4 三相四线制电源

在实际应用中，三相四线制电源用图 6-4 表示。这种电源可以输出两种电压，一种是相电压，就是任意一根相线与中性线之间的电压，用 U_P 表示；另一种是线电压，就是任意两根相线之间的电压，用 U_L 表示，它们之间的数量关系为

$$U_L = \sqrt{3}\, U_P$$

它们之间的相位关系为线电压总是超前相应的相电压 30°。

6.2 三相电源的联结方式

6.2.1 三相电源的星形联结

三相电源的星形联结：将三相绕组的末端 U_2、V_2、W_2 连在一起，形成一个节点，这一点称为电源的中性点或零点，用字母 N 表示；由三相绕组的首端 U_1、V_1、W_1 分别引出 3 根导线，称为相线或端线，俗称火线。从电源的中性点 N 引出的导线称为中性线，俗称零线，这样就构成了三相四线制供电方式（通常在低压配电系统中采用）；若不引出中性线，则可构成三相三线制供电方式（在高压输电时采用较多）。在工矿企业的低压供电系统中，三相电源均采用星形联结。

在三相四线制供电方式中，三相电源对外可提供两种电压，一种是三相电源中的任意一根相线与中性线间的电压，称为相电压，其有效值用 U_U、U_V、U_W 表示。相电压的参考方向一般选定为从相线指向中性线，在忽略电源内阻抗压降时，三相电源的相电压与三相电源的电动势是相等的。由于三相电源电动势相互对称，所以 3 个相电压也是对称的。

三相电源对外提供的另一种电压：任意两根相线间的电压，称为线电压，其有效值用 U_{UV}、U_{VW}、U_{WU} 表示。线电压的参考方向则由一根相线指向另一根相线，如 U_{UV} 是由 U 相线指向 V 相线。三相电源采用星形联结时，相电压和线电压显然是不相等的。

相电压为

$$u_{UN} = u_U$$
$$u_{VN} = u_V$$
$$u_{WN} = u_W$$

线电压为

$$u_{UV} = u_U - u_V$$
$$u_{VW} = u_V - u_W$$
$$u_{WU} = u_W - u_U$$

6.2.2　三相电源的三角形联结

三相电源的三角形联结：将电源的三相绕组的首端与末端依次分别相连构成三角形，并由三角形的 3 个顶点引出 3 根相线给用户供电。采用三角形联结方式的三相电源只能采用三相三线制的供电方式，并且对外只能提供一种电压，而且线电压等于相电压，即

$$u_{UV} = u_U$$
$$u_{VW} = u_V$$
$$u_{WU} = u_W$$

由于电源的 3 个相电压 u_U、u_V、u_W 是相互对称的，因此 3 个线电压也是相互对称的。三相电源的三角形联结，必须是首尾依次相连。这样，在这个闭合回路中各电动势之和等于零，在外部没有接上负载时，这一闭合回路中没有电流。若有一相接反，三相电动势之和不等于零，因每相绕组的内阻抗不大，在内部会出现很大的环流，从而烧坏绕组。因此，在判别不清是否连接正确时，应保留最后两端不接（如 W_2、U_1），形成一开口三角形，用电压表测量开口处的电压，若读数为零，表示接法正常，再接成封闭三角形。

在生产实际中，三相发电机的三相绕组通常采用星形联结方式，很少采用三角形联结方式。

6.3　三相负载的联结方式

三相负载在电路中的联结方式有两种，一种是星形联结，另一种是三角形联结。三相负载有两种，一种是三相负载完全相同的，称为对称三相负载，如三相电炉、三相电动机等；

另一种是三相不完全相同的，称为不对称三相负载，如照明电路。

6.3.1 星形联结

星形联结是将每相负载的一端接相线，一端接中性线的联结方式，如图6-5所示。

每相绕组两端的电压或各相线与中性线之间的电压称为相电压，两根相线之间的电压称为线电压。由图6-5可知，每相负载两端的电压等于电源的相电压，且流过每相负载的电流等于电源相线上的电流。经计算可知，三相对称负载做星形联结时，中性线电流是零，因此可省去中性线，变为三相三线制，如三相变压器、三相电动机、三相电炉等。

负载做星形联结时，相电压 U_{YP} 与线电压 U_{YL} 的关系为

$$U_{YP} = U_{YL}/\sqrt{3}$$

且线电压超前所对应的相电压30°。负载的线电流 I_{YL} 与相电流 I_{YP} 相等，即 $I_{YL}=I_{YP}$。

负载做星形联结时，相量图如图6-6所示。

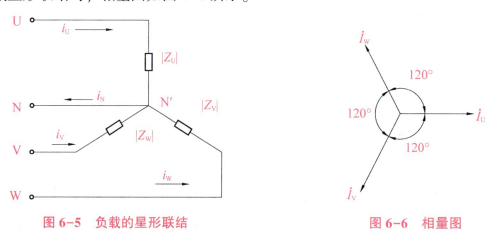

图6-5 负载的星形联结　　　　图6-6 相量图

对于不对称的三相负载，中性线上电流不为零，此时中性线不能省去，它可以保证每相负载上的电压对称，故规定中性线上不允许安装开关和熔断器。

6.3.2 三角形联结

把每相负载分别联结在三相电源的两根相线之间的接法称为负载的三角形联结，如图6-7所示。

根据联结特点，三相负载做三角形联结时各相负载所承受的相电压均为电源线电压，即

$$U_P = U_L$$

对于对称三相负载，线电流的有效值是相电流的 $\sqrt{3}$ 倍，即

$$I_{\triangle L} = \sqrt{3} I_{\triangle P}$$

且各线电流在相位上滞后所对应的相电流30°。

负载做三角形联结时，相量图如图6-8所示。

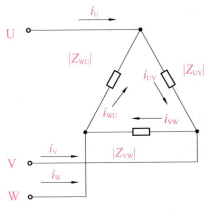

图 6-7 负载的三角形联结

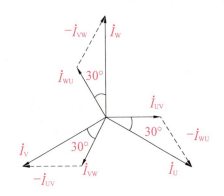

图 6-8 相量图

6.3.3 三相负载功率的计算

三相负载功率的计算分为对称和不对称三相负载功率的计算，这里只讨论三相对称负载的功率计算方法，如三相电动机、三相变压器的功率计算公式都为

$$P = 3U_P I_P \cos\varphi_P = \sqrt{3} U_L I_L \cos\varphi_P$$

式中，U_L——电源的线电压；

I_L——电源的线电流。

对于同一个三相负载，当做星形和三角形联结时，功率不同，后者是前者的 3 倍。

1. 对称三相电路的电压和电流计算

【例 6.1】已知对称三相电源线电压 $U_L=380\text{V}$，三相对称负载每相的电阻为 60Ω，电抗为 80Ω。

1) 试求负载做星形联结时各相电压、线电流、相电流、中性线电流的有效值。

2) 试求负载做三角形联结时各相电压、线电流、相电流的有效值。

3) 试比较负载做星形和三角形联结时线电流的比值。

解：每相的阻抗是

$$|Z| = \sqrt{R^2 + X^2} = \sqrt{60^2 + 80^2}\,\Omega = 100\Omega$$

1) 负载做星形联结时，有

$$U_{YP} = \frac{U_L}{\sqrt{3}} = \frac{380}{\sqrt{3}}\text{V} \approx 220\text{V}$$

$$I_{YL} = I_{YP} = \frac{U_{YP}}{|Z|} = \frac{220}{100}\text{A} = 2.2\text{A}$$

电源对称，各相负载对称，则各相电流和线电流也对称，所以中性线电流为零，此时去掉中性线对电路无影响。

2) 负载做三角形联结时，有

$$U_{\triangle P} = U_L = 380V$$

$$I_{\triangle P} = \frac{U_{\triangle L}}{|Z|} = \frac{380}{100}A = 3.8A$$

$$I_{\triangle L} = \sqrt{3}I_{\triangle P} = \sqrt{3} \times 3.8A \approx 6.6A$$

3) 三相负载做星形联结和三角形联结时线电流的比值为

$$\frac{I_{YL}}{I_{\triangle L}} = \frac{2.2}{6.6} = \frac{1}{3}$$

2. 对称三相电路的功率计算

三相对称负载不论做星形联结还是三角形联结，总有功功率 P 都可以表示为

$$P = \sqrt{3}U_L I_L \cos\varphi_P$$

三相对称负载的无功功率 Q 的计算公式为

$$Q = \sqrt{3}U_L I_L \sin\varphi_P$$

三相对称负载的视在功率 S 的计算公式为

$$S = \sqrt{3}U_L I_L$$

【例 6.2】 有一个三相对称负载，每相的电阻是 3Ω，电抗是 4Ω。

1) 若电源线电压为 380V，试计算负载分别做星形联结和三角形联结时的有功功率。

2) 若线电压为 220V，试计算负载做三角形联结时的有功功率。

解：每相负载的阻抗为

$$|Z| = \sqrt{R^2 + X^2} = \sqrt{3^2 + 4^2}\Omega = 5\Omega$$

1) $U_L = 380V$，三相对称负载做星形联结时，有

$$U_{YP} = \frac{U_L}{\sqrt{3}} = \frac{380}{\sqrt{3}}V \approx 220V$$

$$I_{YL} = I_{YP} = \frac{U_{YP}}{|Z|} = \frac{220}{5}A = 44A$$

$$\cos\varphi_P = \frac{R}{|Z|} = \frac{3}{5} = 0.6$$

$$P = \sqrt{3}U_L I_{YL}\cos\varphi_P = \sqrt{3} \times 380V \times 44A \times 0.6 \approx 17.4kW$$

三相对称负载做三角形联结时，有

$$U_{\triangle P} = U_L = 380V$$

$$I_{\triangle P} = \frac{U_{\triangle P}}{|Z|} = \frac{380}{5}A = 76A$$

$$I_{\triangle L} = \sqrt{3}I_{\triangle P} = \sqrt{3} \times 76A \approx 131.6A$$

$$P = \sqrt{3}U_L I_{\triangle L}\cos\varphi_P = \sqrt{3} \times 380V \times 131.6A \times 0.6 \approx 52kW$$

2) $U_L = 220$V 时，三相对称负载做三角形联结时，有

$$U_{\triangle P} = U_L = 220\text{V}$$

$$I_{\triangle L} = \sqrt{3} I_{\triangle P} = \sqrt{3} \times \frac{U_{\triangle P}}{|Z|} = \sqrt{3} \times \frac{220}{5}\text{A} \approx 76.2\text{A}$$

$$P = \sqrt{3} U_L I_{\triangle L} \cos\varphi_P = \sqrt{3} \times 220\text{V} \times 76.2\text{A} \times 0.6 \approx 17.4\text{kW}$$

6.4 三相异步电动机

6.4.1 三相异步电动机的结构及工作原理

实现电能与机械能相互转换的电工设备总称为电机。电机是利用电磁感应原理实现电能与机械能的相互转换的。把机械能转换成电能的设备称为发电机，把电能转换成机械能的设备称为电动机。

在生产上主要用的是交流电动机，特别是三相异步电动机。因为它具有结构简单、坚固耐用、运行可靠、价格低廉、维护方便等优点。它被广泛地用于驱动各种金属切削机床、起重机、锻压机、传送带、铸造机械、功率不大的通风机及水泵等。

1. 三相异步电动机的结构

三相异步电动机的两个基本组成部分为定子（固定部分）和转子（旋转部分）。此外，其还有端盖、风扇等附属部分，如图 6-9 所示。

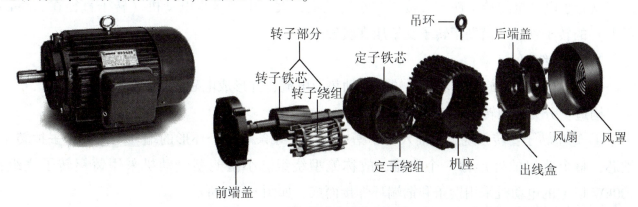

图 6-9 三相异步电动机的分解

（1）定子

三相异步电动机的定子由铁芯、定子绕组和机座组成。

1）定子铁芯。

作用：电动机磁路的一部分，并在其上放置定子绕组。

构造：定子铁芯一般由 0.35~0.5mm 厚、表面具有绝缘层的硅钢片冲制、叠压而成，在

铁芯的内圆冲有均匀分布的槽，用以嵌放定子绕组。

2）定子绕组。

作用：电动机的电路部分，通入三相交流电，产生旋转磁场。

构造：由 3 个在空间互隔 120°电角度、对称排列的结构完全相同的绕组连接而成。这些绕组的各个线圈按一定规律分别嵌放在定子各槽内。

定子绕组的主要绝缘项目有以下 3 种（保证绕组的各导电部分与铁芯间的可靠绝缘，以及绕组本身间的可靠绝缘）。

① 对地绝缘：定子绕组整体与定子铁芯间的绝缘。

② 相间绝缘：各相定子绕组间的绝缘。

③ 匝间绝缘：每相定子绕组各线匝间的绝缘。

3）机座。

作用：固定定子铁芯与前后端盖以支撑转子，并起防护、散热等作用。

构造：机座通常为铸铁件，大型异步电动机的机座一般用钢板焊成，微型电动机的机座采用铸铝件。封闭式电动机的机座外面有散热筋以增加散热面积，防护式电动机的机座两端端盖开有通风孔，使电动机内外的空气可直接对流，以利于散热。

（2）转子

三相异步电动机的转子由转子铁芯、转子绕组和转轴组成。

1）转子铁芯。

作用：电动机磁路的一部分，在铁芯槽内放置转子绕组。

构造：所用材料与定子一样，由 0.5mm 厚的硅钢片冲制、叠压而成，硅钢片外圆冲有均匀分布的孔，用来安置转子绕组。通常用定子铁芯冲落后的硅钢片内圆来冲制转子铁芯。一般小型异步电动机的转子铁芯直接压装在转轴上，大、中型异步电动机（转子直径在 300mm 以上）的转子铁芯则借助于转子支架压在转轴上。

2）转子绕组。

作用：切割定子旋转磁场产生感应电动势及电流，并形成电磁转矩而使电动机旋转。

构造：分为笼型转子和绕线式转子。

① 笼型转子：转子绕组由插入转子槽中的多根导条和两个环形的端环组成。若去掉转子铁芯，整个绕组的外形像一个鼠笼，故称笼型绕组。小型笼型电动机采用铸铝转子绕组，100kW 以上的电动机采用铜条和铜端环焊接而成，如图 6-10 所示。

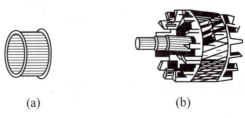

图 6-10 异步电动机笼型转子

(a) 笼型转子绕组；(b) 铸铝转子

② 绕线式转子：绕线转子绕组与定子绕组相似，也是一个对称的三相绕组，一般接成星形，3个出线头接到转轴的3个集流环上，再通过电刷与外电路连接。

绕线式转子的绕组和定子的绕组相似，也是三相的，做星形联结。它每相的始端连接在3个铜制的集电环上，通过一组电刷把转子绕组从3个接线端引出来并与外电路连接。图6-11为异步电动机绕线式转子的外形与接线图。集电环固定在转轴上，环与环、环与转轴之间互相绝缘。绕线式转子的特点是可以通过集电环和电刷在转子电路中接入附加电阻，以改善异步电动机的启动性能。

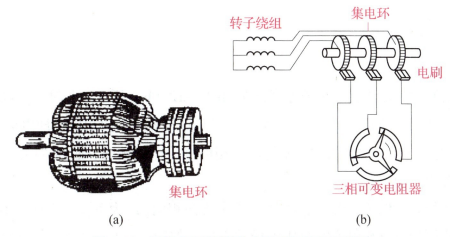

图6-11　异步电动机绕线式转子外形与接线图
（a）外形；（b）接线图

（3）其他附件

1) 端盖：支撑作用。

2) 轴承：连接转动部分与不动部分。

3) 轴承端盖：保护轴承。

4) 风扇：冷却电动机。

2. 三相异步电动机的工作原理

三相异步电动机接上电源就会转动，这是因为三相异步电动机的定子绕组通入三相电流后便产生旋转磁场，使转子导体做切割磁感线运动，在转子电路中产生感应电流，转子在磁场中受力产生电磁转矩，从而使转子旋转。所以，旋转磁场的产生对转子转动至关重要。

（1）旋转磁场的产生

三相异步电动机的定子铁芯中放有三相对称绕组，即 U_1U_2、V_1V_2 和 W_1W_2，它们的始端 U_1、V_1、W_1 在空间位置上相互差120°，如图6-12（a）所示，将三相绕组接成星形，接在三相电源上，绕组中便涌入三相对称电流，有

$$i_1 = I_m \sin\omega t$$
$$i_2 = I_m \sin(\omega t - 120°)$$
$$i_3 = I_m \sin(\omega t - 240°)$$

其波形如图6-12（b）所示。把绕组始端到末端的方向作为电流参考方向，在正半周时，

电流为正；在负半周时，电流为负。

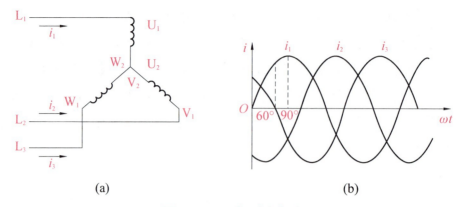

图 6-12 三相对称电流

在 $\omega t = 0°$ 的瞬时，定子绕组中的电流方向如图 6-12（b）所示。此时，$i_1 = 0$，i_2 为负，其方向与参考方向相反，即自 V_2 到 V_1；i_3 为正，其方向与参考方向相同，即电流 i_3 自 W_1 流到 W_2。将各相电流所产生的磁场相加，便得出三相电流的合成磁场。如图 6-13（a）所示，合成磁场的方向为自上而下。

当 $\omega t = 60°$ 时，$i_3 = 0$，i_1 为正，其方向与参考方向相同；i_2 为负，其方向与参考方向相反。根据右手螺旋定则确定三相电流的合成磁场的方向，如图 6-13（b）所示，合成磁场已在空间顺时针转过了 60°。

同理可得，在 $\omega t = 90°$ 时，三相电流的合成磁场比 $\omega t = 60°$ 时的合成磁场在空间又转过了 30°，如图 6-13（c）所示。

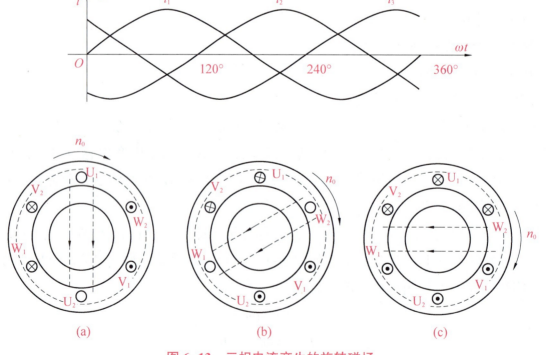

图 6-13 三相电流产生的旋转磁场

（a）$\omega t = 0°$；（b）$\omega t = 60°$；（c）$\omega t = 90°$

由上述分析可知,当定子绕组中通入三相电流后,它们共同产生的合成磁场随电流的交变在空间不断地旋转,这就是旋转磁场。

(2) 旋转磁场的转向

由图 6-12 和图 6-13 可见,旋转磁场的旋转方向与三相绕组电流的相序有关,即转向是顺 $i_1 \to i_2 \to i_3$ 或 $L_1 \to L_2 \to L_3$ 相序的。只要将同三相电源连接的 3 根导线中的任意两根的一端对调位置,如将电动机三相定子绕组的 V_1 端改成与电源 L_3 相连,W_1 与 L_2 相连,则旋转磁场反转。分析方法与前面相同,这里不再赘述。

(3) 旋转磁场的极数与转速

1) 极数。三相异步电动机的极数就是旋转磁场的极数(磁极对数 p)。旋转磁场的极数和三相绕组的安排有关。

在图 6-13 所示的情况下,每相绕组只有一个线圈,绕组的始端之间相差 120°空间角时,产生的旋转磁场具有一对极,即 $p=1$;当每相绕组为两个线圈串联,绕组的始端之间相差 60°空间角时,产生的旋转磁场具有两对极,即 $p=2$。同理,如果要产生三对极,即 $p=3$ 的旋转磁场,则每相绕组必须有均匀安排在空间的串联的 3 个线圈,绕组的始端之间相差 40°($120°/p$) 空间角。极数 p 与绕组的始端之间的空间角 θ 的关系为

$$\theta = 120°/p$$

2) 转速。三相异步电动机旋转磁场的转速 n_0 与电动机磁极对数 p 有关,它们的关系是

$$n_0 = 60f_1/p$$

由此式可知,旋转磁场的转速 n_0 决定于电流频率 f_1 和磁场的极数 p。对某种异步电动机而言,f_1 和 p 通常是一定的,所以磁场转速 n_0 是一个常数。

在我国,工频 $f_1 = 50$Hz,对应于不同磁极对数 p 的旋转磁场转速 n_0 的关系如表 6-1 所示。

表 6-1 磁极对数 p 与旋转磁场转速 n_0 的关系

p	1	2	3	4	5	6
n_0/(r/min)	3000	1500	1000	750	600	500

(4) 转子转动原理

图 6-14 为两极三相异步电动机转子转动的原理图。设磁场以同步转速 n_0 逆时针方向旋转,转子与磁场之间有相对运动,即相当于磁场不动,转子导体以顺时针方向切割磁感线,于是在导体中产生感应电动势,其方向由右手定则确定。由于转子导体的两端由端环连通,形成闭合的转子电路,因此在转子电路中便产生了感应电流。载流的转子导体在磁场中受电磁力 F 的作用形成电磁转矩。在此转矩的作用下,转子便沿旋转磁场方向转动起来。转子转动的方向和磁极旋转的方向相同。当磁场反转时,电动机也随之反转。

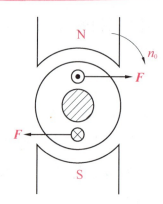

图 6-14 两极三相异步电动机转子转动的原理图

6.4.2 相异步电动机的技术数据及选择

1. 三相异步电动机的技术数据

每台电动机的机座上都装有一块铭牌。其上标注有该电动机的主要性能和技术数据，如表 6-2 所示。

表 6-2 三相异步电动机铭牌内容

型 号	Y132M-4	功 率	7.5kW	频 率	50Hz
电 压	380V	电 流	15.4A	接 法	△
转 速	1440r/min	绝缘等级	E	工作方式	连续
温 升	80℃	防护等级	IP44	重 量	55kg

（1）型号

为满足不同用途和不同工作环境的需要，电机制造厂把电动机制成各种系列，每个系列的不同电动机用不同的型号表示。表 6-3 为型号中各部分含义。三相异步电动机型号举例如图 6-15 所示。

表 6-3 型号中各部分含义

Y	132	M	4
三相异步电动机	机座中心高（mm）	机座长度代号 S：短铁芯 M：中铁芯 L：长铁芯	磁极数

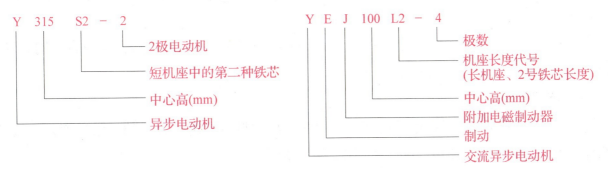

图6-15 三相异步电动机型号举例

（2）接法

接法指电动机三相定子绕组的联结方式。

一般笼型电动机的接线盒中有6根引出线，标有U_1、V_1、W_1、U_2、V_2、W_2。其中，U_1、V_1、W_1是每一相绕组的始端，U_2、V_2、W_2是每一相绕组的末端。

三相异步电动机的联结方法有两种，即星形联结和三角形联结。通常，三相异步电动机功率在4kW及以下的接成星形，在4kW以上的接成三角形。

（3）电压

铭牌上所标的电压值是指电动机在额定运行时定子绕组上应加的线电压值。一般规定电动机的电压应不高于或低于额定值的5%。

三相异步电动机的额定电压有380V、3000V及6000V等多种。

（4）电流

铭牌上所标的电流值是指电动机在额定运行时定子绕组的最大线电流允许值。

当电动机空载时，转子转速接近于旋转磁场的转速，两者之间相对转速很小，所以转子电流近似为零，这时定子电流为建立旋转磁场的励磁电流。当输出功率增大时，转子电流和定子电流都随之相应增大。

（5）功率与效率

铭牌上所标的功率值是指电动机在规定的环境温度下，在额定运行时电极轴上输出的机械功率值。输出功率与输入功率不等，其差值等于电动机本身的损耗功率，包括铜损、铁损及机械损耗等。

效率η是输出功率与输入功率的比值。一般笼型电动机在额定运行时的效率为72%~93%。

（6）功率因数

因为电动机是电感性负载，定子相电流比相电压滞后φ角，$\cos\varphi$就是电动机的功率因数。三相异步电动机的功率因数较低，在额定负载时为0.7~0.9，而在轻载和空载时更低，空载时只有0.2~0.3。选择电动机时应注意其容量，防止"大马拉小车"，并力求缩短空载时间。

(7)转速

电动机额定运行时的转子转速,单位为 r/min(转/分)。不同的磁极数对应有不同的转速等级,常用的是 4 个级的($n_0 = 1500$r/min)。

(8)绝缘等级

绝缘等级(表6-4)是按电动机绕组所用的绝缘材料在使用时容许的极限温度来分级的。极限温度指电动机绝缘结构中最热点的最高容许温度。

表 6-4　绝缘等级

绝缘等级	环境温度40℃时的容许温升/℃	极限容许温度/℃
A	65	105
E	80	120
B	90	130

2. 三相异步电动机的选择

正确选择电动机的功率、种类、型式是极为重要的,下面依次进行介绍。

(1)功率的选择

应根据负载的情况选择合适的电动机功率,选大了虽然能保证正常运行,但是不经济,电动机的效率和功率因数都不高;选小了就不能保证电动机和生产机械的正常运行,不能充分发挥生产机械的效能,并使电动机由于过载而过早地损坏。

1)连续运行电动机功率的选择。对于连续运行的电动机,应先算出生产机械的功率,所选电动机的额定功率等于或稍大于生产机械的功率即可。

2)短时运行电动机功率的选择。如果没有合适的专为短时运行设计的电动机,可选用连续运行的电动机。由于发热惯性,在短时运行时可以容许过载。工作时间越短,过载可以越大,但电动机的过载是受到限制的。通常根据过载系数 λ 来选择短时运行电动机的功率。电动机的额定功率可以是生产机械所要求的功率的 $1/\lambda$。

(2)种类、型式及电压和转速的选择

1)种类的选择。电动机种类的选择是从交流或直流、机械特性、调速与启动性能、维护及价格等方面来考虑的。

① 交、直流电动机的选择。若没有特殊要求,一般采用交流电动机。

② 笼型与绕线式的选择。三相笼型异步电动机结构简单,坚固耐用,工作可靠,价格低廉,维护方便,但调速困难,功率因数较低,启动性能较差。因此,在进行机械特性较硬而无特殊调速要求的一般生产机械的拖动时应尽可能选用笼型电动机,只有在不方便采用笼型异步电动机时才选用绕线式电动机。

2)结构型式的选择。电动机常制成以下几种结构型式:

① 开启式:在构造上无特殊防护装置,用于干燥无灰尘的场所,通风非常良好。

② 防护式：在机壳或端盖下面有通风罩，以防止铁屑等杂物掉入；也有的将外壳做成挡板状，以防止在一定角度内有雨水溅入其中。

③ 封闭式：其外壳严密封闭，靠自身风扇或外部风扇冷却，并在外壳带有散热片，用于灰尘多、潮湿或含有酸性气体的场所。

④ 防爆式：整个电动机严密封闭，用于有爆炸性气体的场所。

3）安装结构型式的选择。

① 机座带底脚，端盖无凸缘（B_3）。

② 机座不带底脚，端盖有凸缘（B_5）。

③ 机座带底脚，端盖有凸缘（B_{35}）。

4）电压和转速的选择。

① 电压的选择。电动机电压等级的选择要根据电动机类型、功率，以及使用地点的电源电压来决定。Y 系列笼型电动机的额定电压只有 380V 一个等级。只有大功率异步电动机才采用 3000V 和 6000V。

② 转速的选择。电动机的额定转速是根据生产机械的要求选定的，但通常转速不低于 500r/min。因为当功率一定时，电动机的转速越低，其尺寸越大，价格越贵，且效率也较低，所以不如购买一台高速电动机再另配减速器合算。

6.4.3 三相电动机的使用与检查

1. 电动机同名端的判断方法

只有学会电动机同名端的判别方法，这样才能将没有编号的 6 根线头正确接线。具体方法有如下 3 种，即直流法、交流法和剩磁法。

（1）直流法

直流法的具体步骤如下：

1）用万用表电阻挡分别找出三相绕组的各相两个线头。

2）给各相绕组假设编号为 U_1、U_2、V_1、V_2 和 W_1、W_2。

3）按图 6-16（a）所示接线，观察万用表指针摆动的情况。闭合开关瞬间，若指针正偏，则电池正极的线头与万用表负极（黑表笔）所接的线头同为首端或尾端；若指针反偏，则电池正极的线头与万用表正极（红表笔）所接的线头同为首端或尾端。再将电池和开关接另一相的两个线头进行测试，即可正确判别各相的首尾端。

（2）交流法

给各相绕组假设编号为 U_1、U_2、V_1、V_2 和 W_1、W_2，按图 6-16（b）左图接线，接通电源。若灯灭，则两个绕组相连接的线头同为首端或尾端；若灯亮，则不是同为首端或尾端。

（3）剩磁法

按图 6-16（c）所示接线，假设异步电动机存在剩磁，给各相绕组假设编号为 U_1、U_2、

V_1、V_2 和 W_1、W_2。转动电动机转子，若万用表指针不动，则证明首尾端假设编号是正确的；若万用表指针摆动，则说明其中一相首尾端假设编号不对，应逐相对调重测，直至正确为止。

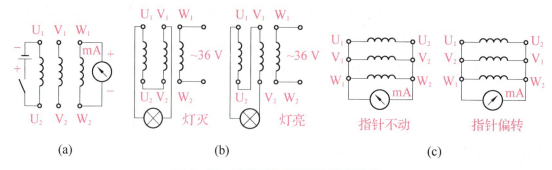

图 6-16　电动机同名端的判别方法
（a）直流法；（b）交流法；（c）剩磁法

2. 电动机的检查

（1）启动前的检查

1）新的或长期停用的电动机，使用前应检查绕组间和绕组对地的绝缘电阻。通常对 500V 以下的电动机用 500V 兆欧表；对 500~1000V 的电动机用 1000V 兆欧表；对 1000V 以上的电动机用 2500V 兆欧表。绝缘电阻每千伏工作电压不得小于 1MΩ，并应在电动机冷却状态下测量。

2）检查电动机的外表有无裂纹，各紧固螺钉及零件是否齐全，电动机的固定情况是否良好。

3）检查电动机传动机构的工作是否可靠。

4）比较铭牌所示数据，如电压、功率、频率、接法、转速等与电源、负载是否相符。

5）检查电动机的通风情况及轴承润滑情况是否正常。

6）扳动电动机转轴，检查转子能否自由转动，转动时有无杂声。

7）检查电动机的电刷装配情况及举刷机构是否灵活，举刷手柄的位置是否正确。

8）检查电动机接地装置是否可靠。

（2）启动后的检查

1）检查电动机的旋转方向是否正确。

2）检查在启动加速过程中，电动机有无振动和异常声响。

3）检查启动电源是否正常，电压降大小是否影响周围电气设备的正常工作。

4）检查启动时间是否正常。

5）检查负载电流是否正常，三相电压、电流是否平衡。

6）检查启动装置、控制系统动作是否正常。

（3）运转中的检查

1）检查有无振动和噪声。

2）检查有无臭味和冒烟现象。

3）检查温度是否正常，有无局部过热。

4）检查电动机运转是否稳定。

5）检查三相电流和输入功率是否正常。

6）检查三相电压、电流是否平衡，有无波动现象。

7）检查有无其他方面的不良因素。

（4）日常检查

1）外观全面检查，并记录。

2）检查电动机各部分是否有振动、噪声和异常现象，各部分温度是否正常。

3）检查供油系统，进行润滑轴承。

4）检查通风冷却系统、滑动摩擦情况，以及各部分的紧固情况。

（5）每月巡回检查

1）外观全面检查，并记录。

2）检查各部分松动情况及接触情况。

3）检查粉尘堆积情况。

4）检查进出线和配线有无破损及老化情况。

思考与练习

一、填空题

1. 由3根_____线和一根_____线所组成的供电线路，称为三相四线制电网。三相电动势到达最大值的先后次序称为_____。

2. 三相四线制供电系统可输出两种电压供用户选择，即_____电压和_____电压。这两种电压的数值关系是_____，相位关系是_____。

3. 不对称星形负载的三相电路，必须采用_____供电，中性线不许安装_____和_____。

4. 某对称三相负载，每相负载的额定电压为220V，当三相电源的线电压为380V时，负载应做_____联结；当三相电源的线电压为220V时，负载应做_____联结。

二、判断题

1. 一个三相四线制供电线路中，若相电压为220V，则电路线电压为311V。（   ）

2. 两根相线之间的电压称为相电压。（   ）

3. 三相交流电源是由频率、有效值、相位都相同的3个单个交流电源按一定方式组合起来的。（   ）

4. 三相对称负载做三角形联结时，线电流的有效值是相电流有效值的$\sqrt{3}$倍，且相位比相应的相电流超前30°。（   ）

5. 一台三相电动机，每个绕组的额定电压是220V，现三相电源的线电压是380V，则这台电动机的绕组应连成三角形。（   ）

三、选择题

1. 某三相对称电源电压为380V，则其线电压的最大值为（   ）V。

   A. $380\sqrt{2}$　　　　　B. $380\sqrt{3}$　　　　　C. $380\sqrt{6}$　　　　　D. $380\sqrt{2}/\sqrt{3}$

2. 已知在对称三相电压中，V相电压为 $U_V = 220\sqrt{2}\sin(314t+\pi)$ V，则U相和W相电压为（   ）V。

   A. $U_U = 220\sqrt{2}\sin\left(314t+\dfrac{\pi}{3}\right)$　　　$U_W = 220\sqrt{2}\sin\left(314t-\dfrac{\pi}{3}\right)$

   B. $U_U = 220\sqrt{2}\sin\left(314t-\dfrac{\pi}{3}\right)$　　　$U_W = 220\sqrt{2}\sin\left(314t+\dfrac{\pi}{3}\right)$

   C. $U_U = 220\sqrt{2}\sin\left(314t+\dfrac{\pi}{3}\right)$　　　$U_W = 220\sqrt{2}\sin\left(314t-\dfrac{2\pi}{3}\right)$

3. 三相交流电相序 U—V—W—U 属于（   ）。

   A. 正序　　　　　　B. 负序　　　　　　C. 零序

4. 三相电源做星形联结，三相负载对称，则（   ）。

   A. 三相负载做三角形联结时，每相负载的电压等于电源线电压
   B. 三相负载做三角形联结时，每相负载的电流等于电源线电流
   C. 三相负载做星形联结时，每相负载的电压等于电源线电压
   D. 三相负载做星形联结时，每相负载的电流等于线电流的 $1/\sqrt{3}$

5. 同一三相对称负载接在同一电源中，做三角形联结时三相电路的相电流、线电流、有功功率分别是做星形联结时的（   ）倍。

   A. $\sqrt{3}$、$\sqrt{3}$、$\sqrt{3}$　　　　　　　　B. $\sqrt{3}$、$\sqrt{3}$、3

   C. $\sqrt{3}$、3、$\sqrt{3}$　　　　　　　　D. $\sqrt{3}$、3、3

四、计算题

1. 发电机的三相绕组接成星形，设其中某两根相线之间的电压 $u_{UV} = 380\sqrt{2}\sin(\omega t - 300)$ V，试写出所有相电压和线电压的解析式。

2. 一个三相电炉，每相电阻为 22Ω，接到线电压为380V的对称三相电源上。

   1）求相电压、相电流和线电流。

   2）当电炉接成三角形时，求相电压、相电流和线电流。

单元 7

家用照明电路

学习目标

1. 认识常用电工工具，并掌握其使用方法。
2. 了解导线的种类及选择方法。
3. 了解灯具的种类及其用途。
4. 了解开关的结构及其接线方法。
5. 掌握家居常用照明电路的安装知识。

7.1 常用电工工具概述

如果家中突然停电，且经过询问不是供电局停电造成的，那么如何排查故障原因并排除故障呢？请想一想，在排查故障原因和排除故障的过程中会使用到哪些工具？请学生从图 7-1 所示的工具包中选出需要的工具。

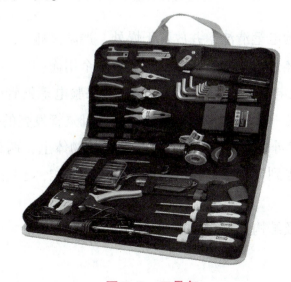

图 7-1　工具包

7.1.1 验电笔

验电笔又称试电笔和测电笔,是检测电气设备或线路是否带电的工具。生活中常用的验电笔有螺钉旋具式和数字式两种。

1. 螺钉旋具式验电笔

螺钉旋具式验电笔的外形如图 7-2 所示。

(1) 内部结构

螺钉旋具式验电笔的内部结构如图 7-3 所示。

(2) 使用方法

使用前,必须检查验电笔是否损坏、有无受潮或进水现象,检查合格后方可使用。

使用螺钉旋具式验电笔测试时,以大拇指和中指夹紧笔身,食指接触金属端盖,用笔头去接触所检测的电气设备或线路。若检测的电气设备或线路所带电压在验电笔测试范围内,氖管发亮。

图 7-2 螺钉旋具式验电笔的外形

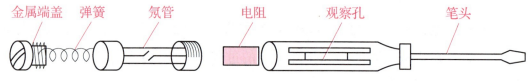

图 7-3 螺钉旋具式验电笔的内部结构

使用完毕后,要保持验电笔清洁,并放置干燥处,严防摔碰。

验电笔除可以判断物体是否带电外,还常有以下两个用途:

1) 区别交流电和直流电。在用验电笔测试时,如果验电笔氖管中的两个极都发光,则为交流电;如果两个极中只有一个极亮,则为直流电,并且氖管发亮的那个极是负极。

2) 区分交流电异相或同相。人站在对地完全绝缘的物体上,两只手正确地各握一支验电笔。当两支验电笔同时接触到导线时,验电笔氖管发光为同相,不亮为异相。

2. 数字式验电笔

数字式验电笔的外形及结构如图 7-4 所示。

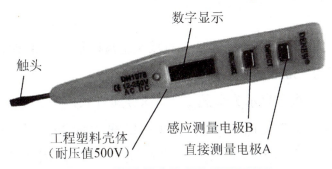

图 7-4　数字式验电笔的外形及结构

1）按键说明。

DIRECT（A 键）：直接测量按键（离液晶屏较远），用触头直接去接触线路时，请按此按键。

INDUCTANCE（B 键）：感应测量按键（离液晶屏较近），也就是用触头感应接触线路时，请按此按键。

2）数字式验电笔适用于直接检测 12~250V 的交、直流电和间接检测交流电的中性线、相线及断点，还可用于测量不带电导体的通断情况。

3）直接检测：

① 最后数字为所测电压值。

② 未到高断显示值 70% 时，显示低断值。

③ 测量直流电时，应手碰另一极。

4）间接检测：按住 B 键，将触头靠近电源线，如果电源线带电，数字式验电笔的显示屏上将显示高压符号。

5）断点检测：按住 B 键，沿电线纵向移动时，显示屏内无显示处即为断点处。

7.1.2　螺钉旋具

螺钉旋具是人们生活中常用的一种工具，用于旋动螺钉，按其头部形状可分为一字形螺钉旋具和十字形螺钉旋具，如图 7-5 所示。

图 7-5　螺钉旋具

1. 规格

1）一字形螺钉旋具的型号表示为金属头宽度×金属杆长度。例如，2×75，表示金属头宽度为 2mm，金属杆长度为 75mm（非全长）。

2）十字形螺钉旋具的型号表示为金属头大小×金属杆长度。例如，2#×75，表示金属头为 2 号，金属杆长为 75mm（非全长）。有些厂家以 PH2 来表示 2#。可以以金属杆的粗细来大致估计金属头的大小，如型号 0#、1#、2#、3#对应的金属杆粗细大致为 3.0mm、5.0mm、6.0mm、8.0mm。

2. 使用方法

1）选择的螺钉旋具的刀口必须和螺钉槽吻合。

2）让螺钉旋具刀口端与螺钉槽口处于垂直。

3）当开始拧紧或拧松时，用力将螺钉旋具压紧后再用手腕力扭转螺钉旋具刀柄；然后拧紧或拧松。

7.1.3 钢丝钳

1. 结构

钢丝钳由钳头、钳柄和钳柄绝缘套组成，其中钳头由钳口、齿口、刀口和铡口组成，如图 7-6 所示。

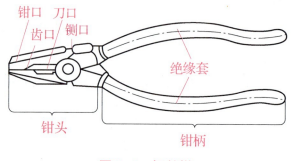

图 7-6 钢丝钳

钳头各部分作用如下。

钳口：弯绞和钳夹导线。

齿口：紧固或拧松螺母。

刀口：剪切或剖削软导线绝缘层。

铡口：铡切导线线芯、钢丝或铅丝等较硬金属丝。

2. 规格

钢丝钳的规格有 160mm、180mm、200mm 等。

3. 使用方法

将钢丝钳钳口朝向内侧，便于控制钳切部位；小拇指伸在两钳柄中间抵住钳柄，张开钳头，这样可灵活地分开钳柄。使用钢丝钳时应注意以下问题：

1）使用前应检查其绝缘柄绝缘状况是否良好，若发现绝缘柄处绝缘破损或潮湿，则不允许带电操作，以免发生触电事故。

2）用钢丝钳剪切带电导线时，必须单根进行，不得用刀口同时剪切相线和中性线或两根相线，否则会发生短路事故。

3）不能用钳头代替锤子作为敲打工具，否则容易引起钳头变形。钳头的轴销应经常加机油润滑，保证其开闭灵活。

4）严禁用钢丝钳代替扳手紧固或拧松大螺母，否则会损坏螺栓、螺母等工件的棱角，导致无法使用扳手。

5）使用完毕后，放置于干燥处，为防止生锈，钳轴要经常加润滑油。

7.1.4　剥线钳

1. 用途

剥线钳（图7-7）用于小直径导线绝缘层的剥削。

图7-7　剥线钳

2. 使用方法

1）根据缆线的粗细型号，选择相应的剥线刀口。

2）将准备好的电缆放在剥线工具的刀刃中间，选择要剥线的长度。

3）握住剥线工具手柄，将电缆夹住，缓缓用力使电缆外表皮慢慢剥落。

4）松开工具手柄，取出电缆线，这时电缆金属整齐露出，其余绝缘塑料完好无损。

7.1.5　电工刀

电工刀（图7-8）是电工常用的一种剥削工具，由刀片、刀刃、刀把和刀挂组成。不用时，应把刀片收缩到刀把内。

图7-8　电工刀

使用电工刀剥削前,要先将电工刀的刀刃磨锋利。剥削时,刀片与导线以一定锐角切入,要控制力度,避免伤及线芯,同时注意防止划伤手指。图 7-9 为用电工刀剥离单芯导线绝缘层的方法。

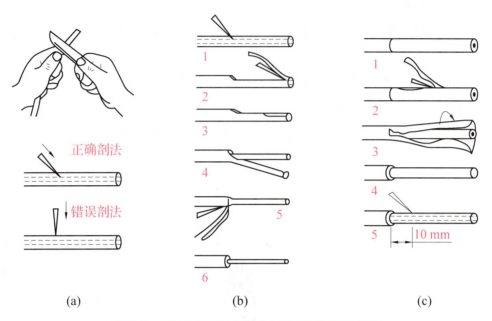

图 7-9　用电工刀剥离单芯导线绝缘层的方法

（a）线头的剖削角度；（b）塑料线线头的剖削过程；（c）皮线线头的剖削过程

7.1.6　活扳手

1. 用途

活扳手用于紧固和拆卸螺栓。

2. 结构

活扳手由轴销、扳柄、蜗轮、活扳唇和呆扳唇组成,如图 7-10 所示。

图 7-10　活扳手

各部分作用如下。

轴销：防止开口调节螺母脱落。

扳柄：提供力臂。

蜗轮：调节开口大小。

活扳唇、呆扳唇：夹紧工件。

3. 规格

活扳手规格如表 7-1 所示。

表 7-1 活扳手规格

活扳手规格/mm	100	150	200	250	300	375	450	600
最大开口宽度/mm	13	19	24	28	34	43	52	62

4. 使用方法

1）根据工件的大小选择合适的活扳手。

2）调节蜗轮使活扳手的开口宽度和工件吻合。

3）往活扳唇方向旋转扳柄，紧固或拆卸工件。

5. 使用注意事项

1）活扳手开口不应太松，防止打滑，以免损坏工件和造成人身伤害。

2）要顺力顺扳，不准反扳，以免损坏扳手。

3）扳手用力方向 1m 内严禁站人。

4）使用完毕后注意保持干净。

7.1.7 电烙铁

电烙铁的使用方法

电烙铁是电子线路中最常用的焊接工具，其组成如图 7-11 所示。

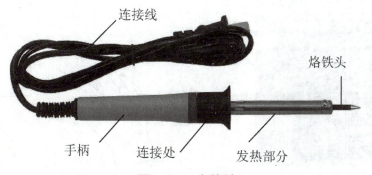

图 7-11 电烙铁

1. 使用前注意事项

1）检测电烙铁好坏。首先可以从电烙铁手柄上看到其功率和电压，根据 $P = U^2/R$ 估算出电烙铁发热芯的阻值大小，然后用万用表检测。若测得的阻值与估算的阻值基本吻合，说明电烙铁正常；若测得的阻值为无穷大或零，说明电烙铁内部断路或短路，需维修。

2）新电烙铁应用细砂纸将烙铁头打磨光亮，通电烧热，蘸上松香后用烙铁头刃面接触焊锡丝，使烙铁头表面均匀地镀上一层锡。这样做可以便于焊接和防止烙铁头表面氧化。旧的烙铁头如严重氧化而发黑，可用钢锉锉去表层氧化物，使其露出金属光泽，重新镀锡后，才可继续使用。

3）认真检查电源插头、电源线绝缘有无损坏，并检查烙铁头是否松动。

2. 焊接方法

（1）握持电烙铁的方法

通常，握持电烙铁的方法有握笔法和握拳法两种，如图 7-12 所示。握笔法适用于轻巧型的电烙铁；握拳法适用于功率较大的电烙铁，有正握和反握两种。

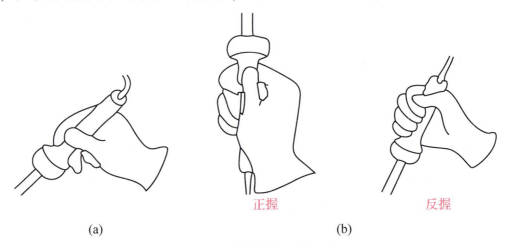

图 7-12　电烙铁的握持方法

（a）握笔法；（b）握拳法

（2）焊料及其正确握法

焊料及其焊锡丝的正确握法分别如图 7-13 和图 7-14 所示。

图 7-13　焊料

图 7-14　焊锡丝的正确握法

（3）焊接工艺

图 7-15 和图 7-16 所示分别为五步焊接法和焊点锡量的掌握情况。

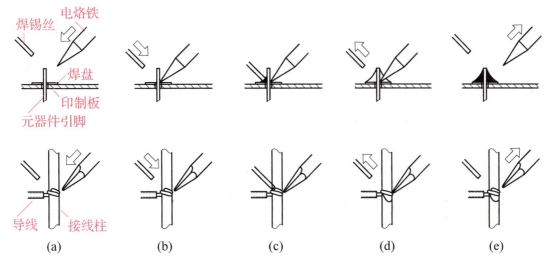

图 7-15 五步焊接法

(a) 步骤一；(b) 步骤二；(c) 步骤三；(d) 步骤四；(e) 步骤五

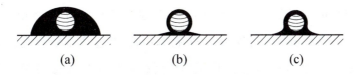

图 7-16 焊点锡量的掌握情况

(a) 焊锡过多；(b) 焊锡过少；(c) 合适的锡量合适的焊点

(4) 注意事项

1）焊接时间不能过长，否则会烧坏元器件。

2）焊接过后如果电烙铁留有焊锡，严禁随手甩掉，否则会伤及身边的人。

3）使用过程中不要任意敲击烙铁头，以免损坏电烙铁。

4）电烙铁使用完毕后，应妥善保管，防止电烙铁被氧化。

7.2　导线的选择与连接

7.2.1　常用导线的选型

导线又称电线，用于生活和工业中电的传输。实际使用中为了保证系统的安全和经济，在选用导线时应考虑导线的材料、导线的绝缘性能及导线的截面积。

1. 导线的材料选择

导线的材料主要有铜和铝，铜的导电性能比铝的导电性能好，而且，铜线的力学性能优于铝线。所以，某些特殊场所规定必须使用铜线，如防爆所、仪器、仪表等。但是，铝的密度比铜的轻，只为铜的30%。因此，输送相同的电流，铝导线约轻52%，这对于架空线来说尤为重要。

2. 导线的绝缘性能

导线的绝缘性能必须符合使用中对绝缘的要求。导线的绝缘就是在导线外围均匀而密封地包裹一层不导电的材料，如树脂、塑料、硅橡胶、聚氯乙烯等，防止导线与外界接触，从而发生触电事故。常用的是聚氯乙烯绝缘导线和橡胶绝缘导线。

3. 导线的截面积

实际使用中选取导线的截面积比较复杂，主要是考虑的因素较多，主要有导线载流量、敷设方式、散热条件等。但通过长期的实践，人们总结出了导线安全电流口诀：

10下五；100上二；25、35四三界；70、95两倍半；穿管、温度八九折；裸线加一半；铜线升级算。

该口诀解释如下：10mm^2以下各规格的电线，如2.5mm^2、4mm^2、6mm^2、10mm^2，每平方毫米可以通过5A电流；100mm^2以上各规格的电线，如120mm^2、150mm^2、185mm^2，每平方毫米可以通过2A电流；25mm^2的电线每平方毫米可以通过4A电流，35mm^2的电线每平方毫米可以通过3A电流；70mm^2、95mm^2的电线每平方毫米可以通过2.5A电流；如果电线需穿电线管或经过高温地方，其安全电流需打折扣，即安全电流再乘以0.8或0.9；架空的裸线可以通过较大的电流，即在原来的安全电流上再加上一半的电流；铜线升级算是指每种规格的铜线可以通过的电流与高一级规格的铝线可以通过的电流相同。例如，2.5mm^2的铜线可以代替4mm^2的铝线，4mm^2的铜线可以代替6mm^2的铝线。这个估算口诀简单易记，估算的安全载流量与实际非常接近，对人们选择导线很有帮助。如果知道了负载的电流，就可很快算出使用多大截面积的导线。

7.2.2 导线的连接与修复

1. 导线连接

导线连接是电工作业的一项基本工序，也是一项十分重要的工序。导线连接的质量直接关系到整个线路能否安全、可靠地长期运行。导线连接的基本要求是连接牢固可靠、接头电阻小、机械强度高、耐腐蚀耐氧化、电气绝缘性能好。

需连接导线的种类和连接形式不同，连接方法也不相同。连接前应小心地剥除导线连接部位的绝缘层，注意不可损伤其芯线。

（1）单股铜导线的直接连接

单股铜导线的直接连接方法：先将两导线的芯线线头做 X 形交叉，将它们相互缠绕 2~3 圈后扳直两线头，然后将每个线头在另一芯线上紧贴密绕 5~6 圈后剪去多余线头即可，如图 7-17 所示。

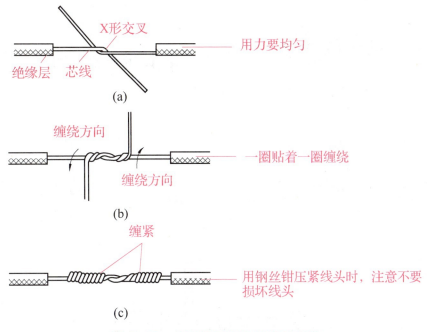

图 7-17 单股铜导线直接连接方法

(2) 单股铜导线的分支连接

单股铜导线的分支连接方法：将支路芯线的线头紧密缠绕在干路芯线上 5~8 圈后剪去多余线头即可；对于有较小截面积的芯线，可先将支路芯线的线头在干路芯线上打一个环绕结，再紧密缠绕 5~8 圈后剪去多余线头即可，如图 7-18 所示。

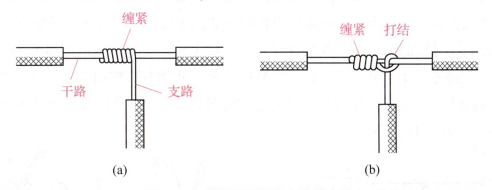

图 7-18 单股铜导线分支连接方法

(3) 多股铜导线的直接连接

如图 7-19 所示，首先将剥去绝缘层的多股芯线拉直，使其靠近绝缘层的约 1/3 芯线绞合拧紧，而将剩余 2/3 芯线成伞状散开，另一根需连接的导线芯线也如此处理；然后将两伞状芯线相对着互相插入后捏平芯线；最后将每一边的芯线线头分为 3 组：①将某一边的第一组线头翘起并紧密缠绕在芯线上；②将第二组线头翘起并紧密缠绕在芯线上；③将第三组线头翘起并紧密缠绕在芯线上。以同样的方法缠绕另一边线头即可。

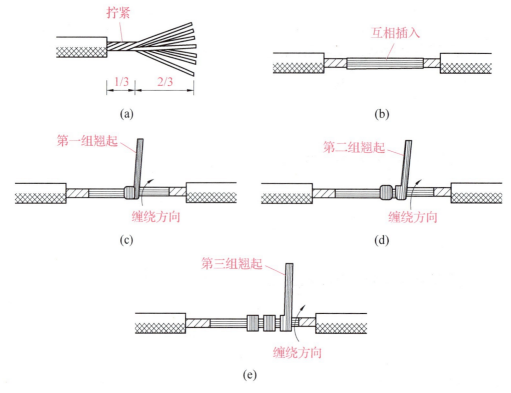

图 7-19 多股铜导线直接连接方法

(4) 多股铜导线的分支连接

多股铜导线的 T 字分支连接有两种方法，一种方法如图 7-20 所示，即将支路芯线 90°折弯后与干路芯线并行，再将线头折回并紧密缠绕在芯线上即可。另一种方法如图 7-21 所示。将支路芯线靠近绝缘层的约 1/8 芯线绞合拧紧，其余 7/8 芯线分为两组，如图 7-21（a）所示。一组插入干路芯线中，另一组放在干路芯线前面，并朝右边按图 7-21（b）所示方向缠绕 4~5 圈。再将插入干路芯线中的那一组朝左边按图 7-21（c）所示方向缠绕 4~5 圈，连接好的导线如图 7-21（d）所示。

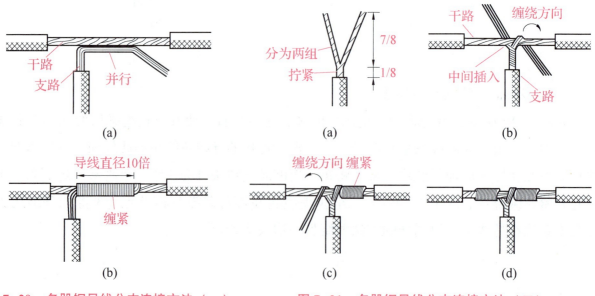

图 7-20 多股铜导线分支连接方法（一）　　图 7-21 多股铜导线分支连接方法（二）

2. 导线修复

为了进行连接,导线连接处的绝缘层已被去除。导线连接完成后,必须对所有绝缘层已被去除的部位进行绝缘处理,以恢复导线的绝缘性能,恢复后的绝缘强度应不低于导线原有的绝缘强度。

导线连接处的绝缘处理通常使用绝缘胶带进行缠裹包扎。电工常用的绝缘胶带有黄蜡带、涤纶薄膜带、黑胶布带、塑料胶带、橡胶胶带等。其中,宽度为 20mm 的绝缘胶带因其使用方便而在电工作业中广泛采用。

(1) 直接连接导线接头的绝缘处理

直接连接导线接头的绝缘处理方法如下:先包缠一层黄蜡带,再包缠一层黑胶布带。首先将黄蜡带从接头左边绝缘完好的绝缘层上开始包缠,包缠两圈后进入剥除了绝缘层的芯线部分[图 7-22(a)]。包缠时黄蜡带应与导线成 55°左右倾斜角,每圈压叠带宽的 1/2 [图 7-22(b)],直至包缠到接头右边两圈距离的完好绝缘层处。然后将黑胶布带接在黄蜡带的尾端,按另一斜叠方向从右向左包缠[图 7-22(c)(d)],仍每圈压叠带宽的 1/2,直至将黄蜡带完全包缠住。包缠处理过程中应用力拉紧胶带,注意不可稀疏,更不能露出芯线,以确保绝缘质量和用电安全。对于 220V 的线路,也可不用黄蜡带,只用黑胶布带或塑料胶带包缠两层。在潮湿场所应使用聚氯乙烯绝缘胶带或涤纶绝缘胶带。另外,最好用锋利的工具截断黄蜡带和黑胶布带并做好封口。

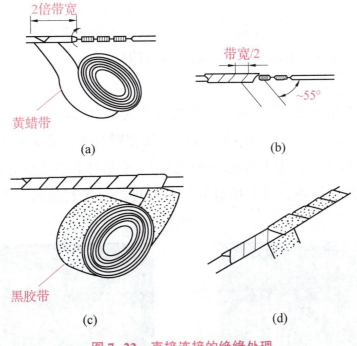

图 7-22 直接连接的绝缘处理

(2) 分支连接导线接头的绝缘处理

分支连接导线接头的绝缘处理与直接连接导线接头的绝缘处理方法相同,T 字分支接头的包缠方向如图 7-23 所示,走一个 T 字形的来回,使每根导线上都包缠两层绝缘胶带,每根导线都应包缠到完好绝缘层的 2 倍胶带宽度处。

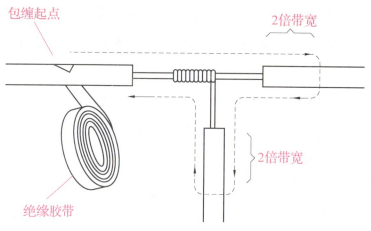

图 7-23 分支连接的绝缘处理

7.3 照明电路的组成

照明电路一般由灯具、断路器、开关、插座和插头组成。下面分别介绍这些元器件。

7.3.1 灯具

灯具是指能透光、分配和改变光源光分布的器具,包括除光源外所有用于固定和保护光源所需的全部零部件,以及与电源连接所必需的线路附件。

1. 吊灯

吊灯适合于客厅。吊灯的花样较多,常用的有欧式烛台吊灯、水晶吊灯、中式吊灯、羊皮纸吊灯、时尚吊灯、锥形罩花灯、尖扁罩花灯、束腰罩花灯、五叉圆球吊灯、玉兰罩花灯、橄榄吊灯等,如图 7-24 所示。用于居室的吊灯分为单头吊灯和多头吊灯两种,前者多用于卧室、餐厅;后者宜装在客厅中。对于吊灯的安装高度,要求其最低点与地面的距离应不小于 2.2m。

图 7-24 各式各样的吊灯

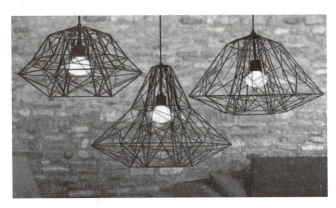

续图 7-24　各式各样的吊灯

2. 吸顶灯

常用的吸顶灯有方罩吸顶灯、圆球吸顶灯、尖扁圆吸顶灯、半圆球吸顶灯、半扁球吸顶灯、小长方罩吸顶灯等。吸顶灯适用于客厅、卧室、厨房、卫生间等处的照明。

吸顶灯可直接装在天花板上，如图 7-25 所示，其安装简易，款式简单大方，可赋予空间清朗明快的感觉。

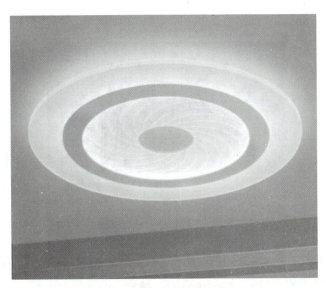

图 7-25　吸顶灯

3. 落地灯

落地灯（图 7-26）常用作局部照明，不讲全面性，更强调移动的便利，对于角落气氛的营造十分实用。若落地灯的采光方式为直接向下投射，则其适合用于阅读等需要精神集中的活动的照明；若为间接照明，则可以调整整体光线的变化。

落地灯一般放在沙发拐角处，其灯光柔和。落地灯的灯罩材质种类丰富，消费者可根据自己的喜好选择。

图 7-26　落地灯

4. 壁灯

壁灯（图 7-27）适合用于卧室、卫生间照明。常用的壁灯有双头玉兰壁灯、双头橄榄壁灯、双头鼓形壁灯、双头花边杯壁灯、玉柱壁灯、镜前壁灯等。壁灯的安装高度要求为灯泡与地面的距离应不小于 1.8m。

图 7-27　壁灯

5. 台灯

台灯（图 7-28）按材质可分为陶瓷台灯、木台灯、铁艺台灯、铜台灯、树脂台灯、水晶台灯等；按功能可分为护眼台灯、装饰台灯、工作台灯等；按光源可分为灯泡、插拔灯管、灯珠台灯等。

选择台灯时主要看电子配件质量、制作工艺及应用场合。一般客厅、卧室等用装饰台灯，工作台、学习台用节能护眼台灯。

图 7-28 台灯

6. 筒灯

筒灯一般装设在卧室、客厅、卫生间的周边天棚上，如图 7-29 所示。这种嵌装于天花板内部的隐置性灯具，其所有光线都向下投射，属于直接配光，可以配合不同的反射器、镜片、百叶窗、灯泡来取得不同的光线效果。筒灯不占据空间，可增强空间的柔和气氛，若想营造温馨的氛围，可装设多盏筒灯，以减轻空间的压迫感。

7. 射灯

射灯可安置在吊顶四周或家具上部，也可置于墙内、墙裙或踢脚线中，如图 7-30 所示。其光线直接照射在需要强调的家具器物上，达到重点突出、环境独特、层次丰富、气氛浓郁、缤纷多彩的艺术效果。射灯光线柔和，既可对整体照明起主导作用，又可局部采光，烘托气氛。

图 7-29 筒灯

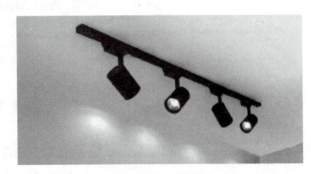

图 7-30 射灯

射灯分为低压射灯和高压射灯两种，其中，低压射灯寿命长，光照效果好，实际应用较多。射灯发光效率的高低以功率因数体现，功率因数越大发光效率越高。普通射灯的功率因数在 0.5 左右，价格低廉；优质射灯的功率因数能达到 0.99，价格稍贵。

8. 浴霸

浴霸按取暖方式分为灯泡红外线取暖浴霸和暖风机取暖浴霸。浴霸按功能分有三合一浴霸和二合一浴霸，三合一浴霸有照明、取暖和排风功能，如图 7-31 所示；二合一浴霸只有照明和取暖功能。浴霸按安装方式分暗装浴霸、明装浴霸和壁挂式浴霸。暗装浴霸比较漂亮，明装浴霸直接装在顶上，一般不能采用暗装浴霸和明装浴霸的才选择壁挂式浴霸。

图 7-31 浴霸

9. 节能灯

节能灯（图 7-32）的亮度、寿命比一般的白炽灯好，尤其在省电方面口碑极佳。节能灯有 U 形、螺旋形、花瓣形，功率从 3~40W 不等。不同型号、不同规格、不同产地的节能灯价格相差很大。节能灯不适合在高温、高湿环境下使用，因此浴室和厨房应尽量避免使用节能灯。

图 7-32 节能灯

7.3.2 断路器

1. 主要分类

断路器按极数可分为单极断路器、二极断路器、三极断路器和四极断路器等，如图 7-33 所示。一般而言，家庭主要选用单极断路器和二极断路器，企业主要选用三极断路器和四极断路器。

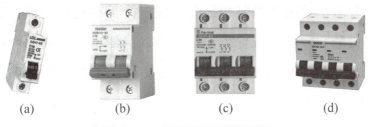

图 7-33　各种极数的断路器

(a) 单极断路器；(b) 二极断路器；(c) 三极断路器；(d) 四极断路器

断路器按用途可分为塑壳断路器、高分断小型断路器、漏电断路器，如图 7-34 所示。

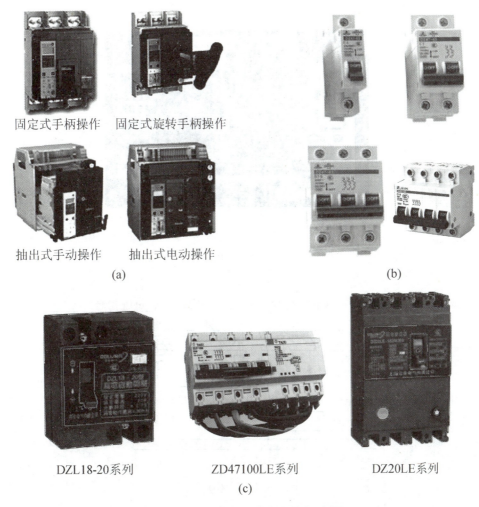

图 7-34　各种不同用途的断路器

(a) 塑壳断路器；(b) 高分断小型断路器；(c) 漏电断路器

塑壳断路器用于分配电能和保护电路及电源设备的过载和短路，以及正常工作条件下作不频繁分断和接通电力线路之用。

高分断小型断路器适用于线路和电动机的过载、短路保护，当线路发生过载和短路时，断路器会在 0.01s 内切断电源，对线路起到保护作用，同时可作为不频繁转换和不频繁启动之用。

图 7-33 各种极数的断路器

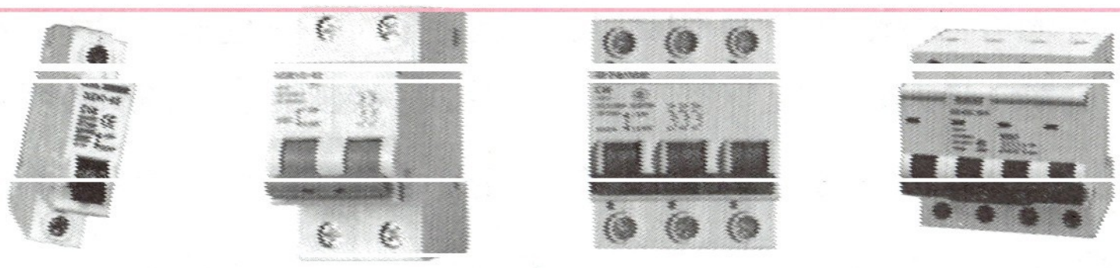

断路器俗称空气开关，主要由端子、操作机构、动触头、静触头、保护装置（各类脱扣器）、灭弧系统等组成，其结构剖面图如图 7-35 (a) 所示，工作原理及图形符号如图 7-35 (b) 所示。

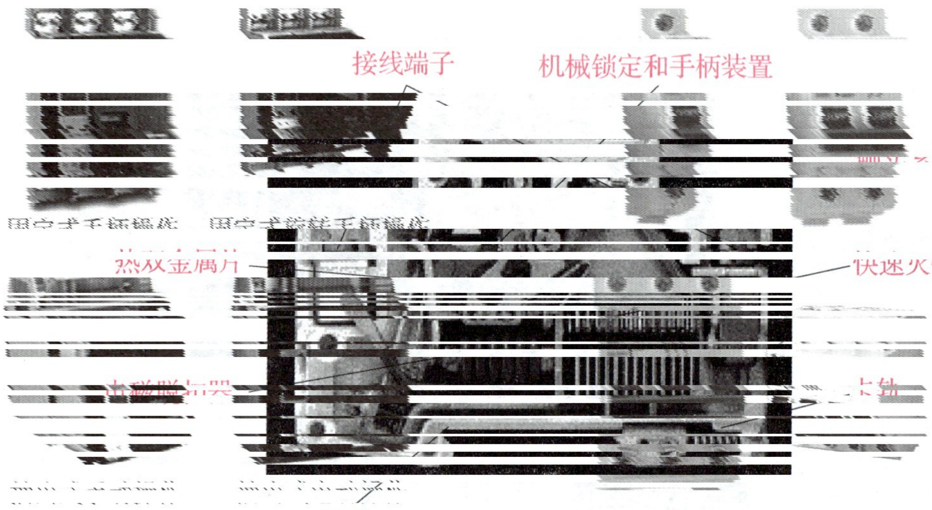

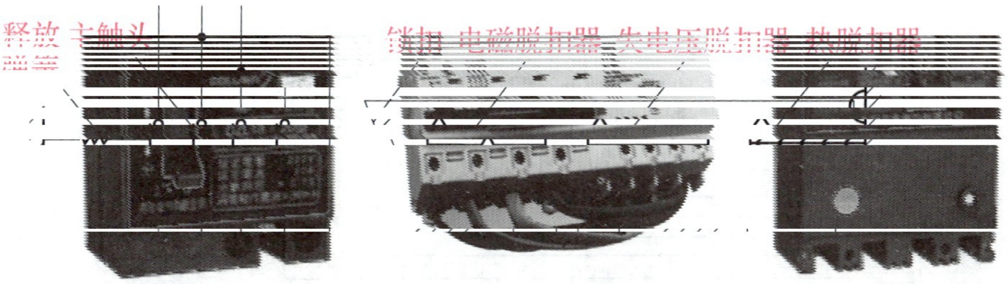

塑壳断路器用于分配电能和保护电路及电源设备的过载和短路，以及正常工作条件下作不频繁通断操作之用。

3. 家用断路器的配置与安装

家用断路器的额定电流有 10A、16A、20A、25A、32A、40A、63A。

配置方法：10A 适用于照明线路，16A 适用于插座线路、小功率电器，25A 适用于壁挂空调等大功率电器，32A 以上适用于柜式空调等更大功率的电器。

安装方法：

1）家用断路器应垂直于配电板安装，电源引线应接到上端，负载引线接到下端。

2）家用断路器用作电源总开关或电动机的控制开关时，在电源进线侧必须加装刀开关或熔断器等，以形成明显的断开点。

3）家用断路器在使用前应将脱扣器工作面的防锈油脂擦干净；各脱扣器动作值调整好后，不允许随意变动，以免影响其动作。

4）使用过程中若遇分断短路电流，应及时检查触头系统；若发现电灼烧痕，应及时修理或更换。

5）断路器上的积尘应定期清除，并定期检查各脱扣器动作值，为操作机构涂上润滑剂。

7.3.3 开关

1. 主要分类

开关按用途可分为波动开关、波段开关、录放开关、电源开关、预选开关、控制开关、转换开关、隔离开关、位置开关、墙壁开关、智能防火开关等。

开关按结构可分为微动开关、船形开关、钮子开关、拨动开关、按钮开关、按键开关、薄膜开关、点开关等。

开关按接触类型可分为 A 型触点开关、B 型触点开关和 C 型触点开关 3 种。接触类型是指"操作（按下）开关后，触点闭合"这种操作状况和触点状态的关系。在使用时需要根据用途选择合适接触类型的开关。

开关按开关数可分为单控开关、双控开关、多控开关等。

2. 基本结构

最简单的开关有两片名为"触点"的金属，两触点接触时电流形成回路，两触点不接触时形成开路。选用触点金属时需考虑其耐腐蚀的程度，因为大多数金属氧化后会形成绝缘氧化物，使触点无法正常工作。选用触点金属时还需考虑其电导率、硬度、机械强度、成本及是否有毒等因素。有时会在触点上电镀耐腐蚀金属。一般会镀在触点的接触面，以避免因氧化物而影响其性能。有时接触面也会使用非金属的导电材料，如导电塑胶。开关中除触点外，还会有可动件使触点导通或不导通。开关可依可动件的不同为分为杠杆开关、按键开关、船形开关等，而可动件也可以是其他形式的机械连杆。

3. 主要参数

额定电压：开关在正常工作时所允许的安全电压，加在开关两端的电压大于此值会造成两个触点之间打火击穿。

额定电流：开关接通时所允许通过的最大安全电流，当超过此值时，开关的触点会因电流过大而烧毁。

绝缘电阻：开关的导体部分与绝缘部分的电阻值，绝缘电阻值应在 100MΩ 以上。

接触电阻：开关在接通状态下，每对触点之间的电阻，一般要求在 0.5Ω 以下，且此值越小越好。

耐压：开关对导体及地之间所能承受的最高电压。

寿命：开关在正常工作条件下能操作的次数，一般要求为 5000~35000 次。

4. 常见种类

（1）延时开关

延时开关是将继电器安装于开关之中，以延时开断电路的一种开关。延时开关又分为声控延时开关、光控延时开关、触摸式延时开关等。图 7-36 为触摸式延时开关。

（2）轻触开关

轻触开关如图 7-37 所示。使用时轻轻点按开关按钮即可使开关接通，松开时开关断开，它是靠金属弹片受力弹动来实现通断的，如 IKI 系列轻触开关。

图 7-36 触摸式延时开关

图 7-37 轻触开关

（3）光电开关

光电开关属于传感器的一种，如图 7-38 所示。它把发射端和接收端之间光的强弱变化转化为电流的变化，以达到探测目的。光电开关输出回路和输入回路是电隔离的（即电绝缘），因此其可以在许多场合得到应用。

（4）接近开关

接近开关又称无触点行程开关，如图 7-39 所示。它除可以实现行程控制和限位保护外，还是一种非接触型的检测装置，用来检测零件尺寸和测速等，也可用于变频计数器、变频脉冲发生器、液面控制和加工程序的自动衔接等。其特点是工作可靠、寿命长、功耗低、复定位精度高、操作频率高，以及适应恶劣的工作环境等。

图 7-38　光电开关

图 7-39　接近开关

（5）双控开关

双控开关一般应用在楼梯上下层或走道的两头等两个不同的地方，能各自独立控制同一盏电灯的点亮或熄灭，如图 7-40 所示。

（6）开关柜

开关柜是一种电气设备，如图 7-41 所示。开关柜外线先进入柜内主控开关，然后进入分控开关，各分路根据需要设置。

图 7-40　双控开关

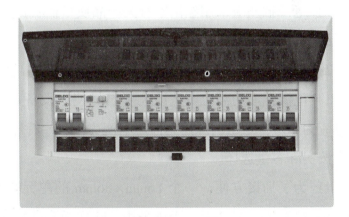

图 7-41　开关柜

7.3.4　插座和插头

1. 插座

（1）主要分类

插座按用途可分为民用插座、工业用插座等，再进一步细分，有计算机插座、电话插座、视频、音频插座，USB插座等。图7-42为各式各样的插座。

图7-42　各式各样的插座

(2) 连接方法

1) 用验电笔找出相线。

2) 关掉插座电源。

3) 将相线接入开关两个孔中的一个孔，再从另一个孔中接出一根2.5mm²绝缘线，在下面的插座3个孔中的L孔内接牢。

4) 找出中性线直接在插座3个孔中的N孔内接牢。

5) 找出接地线直接在插座3个孔中的E孔内接牢。

(3) 家居日常选用

1) 电源插座应采用经国家有关产品质量监督部门检验合格的产品。一般应采用具有阻燃材料的中高档产品，不应采用低档和伪劣假冒产品。

2) 住宅内用电电源插座应采用安全型插座，卫生间等潮湿场所应采用防溅型插座。

3) 电源插座的额定电流应大于已知使用设备额定电流的1.25倍。一般单相电源插座额定电流为10A，专用电源插座额定电流为16A，特殊大功率家用电器的配电回路及连接电源方式应按实际容量选择。

4) 为了插接方便，一个86mm×86mm的单元面板，其组合插座个数最好为两个，最多（包括开关）不超过3个，否则采用146面板多孔插座。

5) 对于插接电源有触电危险的家用电器（如洗衣机），应采用带开关断开电源的插座。

6) 在比较潮湿的场所，安装插座的同时应安装防水盒。

(4) 要求

电源插座的位置与数量对家用电器的方便使用、室内装修的美观起着重要的作用。电源插座的布置应根据室内家用电器点和家具的规划位置进行，并应密切注意与建筑装修等相关专业配合，以便确定插座位置的正确性。

1)电源插座应安装在不少于两个对称墙面上,每个墙面两个电源插座之间的水平距离不宜超过3m,距端墙的距离不宜超过0.6m。

2)无特殊要求的普通电源插座在距地面0.3m处安装,洗衣机专用插座在距地面1.6m处安装,并带指示灯和开关。

3)空调器应采用专用带开关电源插座。在明确采用某种空调器的情况下,空调器电源插座宜按下列位置布置:

① 分体式空调器电源插座宜根据出线管预留洞位置在距地面1.8m处设置。

② 窗式空调器电源插座宜在窗口旁距地面1.4m处设置。

③ 柜式空调器电源插座宜在相应位置距地面0.3m处设置,否则按分体式空调器考虑预留16A电源插座,并在靠近外墙或采光窗附近的承重墙上设置。

4)凡是设有有线电视终端盒或计算机插座的房间,在有线电视终端盒或计算机插座旁至少应设置两个五孔组合电源插座,以满足电视机、VCD、音响功率放大器或计算机的需要,也可采用多功能组合式电源插座(面板上至少排有3~5个不同的二孔和三孔插座),电源插座距有线电视终端盒或计算机插座的水平距离不少于0.3m。

5)起居室(客厅)是人员集中的主要活动场所,家用电器点多,应根据建筑装修布置图布置插座,并应保证每个主要墙面都有电源插座。如果墙面长度超过3.6m,应增加插座数量;墙面长度小于3m,电源插座可在墙面中间位置设置。有线电视终端盒和计算机插座旁设有电源插座,并设有空调器电源插座,起居室内应采用带开关的电源插座。

6)卧室应保证两个主要对称墙面均设有组合电源插座。床端靠墙时床的两侧应设置组合电源插座,并设有空调器电源插座。在有线电视终端盒和计算机插座旁应设有两组组合电源插座,单人卧室只设计算机用电源插座。

7)书房除放置书柜的墙面外,应保证两个主要墙面均设有组合电源插座,并设有空调器电源插座和计算机电源插座。

8)厨房应根据建筑装修的布置,在不同的位置、高度设置多处电源插座以满足抽油烟机、消毒柜、微波炉、电饭煲、电热水器、电冰箱等多种电炊具的需要。参考灶台、操作台、案台、洗菜台布置选取最佳位置设置抽油烟机插座,一般距地面1.8~2m。电热水器应选用16A带开关三线插座,并在其右侧距地1.4~1.5m处安装,注意不要将插座设在电热水器上方。其他电炊具电源插座在吊柜下方或操作台上方之间不同位置、不同高度设置,插座应带电源指示灯和开关。厨房内设置电冰箱时应设专用插座,距地0.3~1.5m安装。

9)严禁在卫生间内的潮湿处(如淋浴区或澡盆)附近设置电源插座,其他区域设置的电源插座应采用防溅式。有外窗时,应在外窗旁预留排气扇接线盒或插座,排气风道一般在淋浴区或澡盆附近,故要求接线盒或插座应距地面2.25m以上安装。距淋浴区或澡盆外沿0.6m

外预留电热水器插座和洁身器用电源插座。在盥洗台镜旁设置美容用和剃须用电源插座，距地面1.5~1.6m处安装。插座宜带开关和指示灯。

10) 阳台应设置单相组合电源插座，距地面0.3m。

（5）位置选择

插座位置处理不当，如果在卧室、客厅，可能会影响家具摆放；如果在卫生间、厨房，可能就要刨砖了。除非是计算精确的位置，否则，应使插座尽可能靠边。如果插座的位置留得不当、不正，就有可能与后期的家具摆放或家用电器安装发生冲突。

带开关插座的位置选择问题主要考虑两点：一是家用电器的"待机耗电"，二是方便使用。例如，家里用了5个带开关插座，位置依次是洗衣机插座、电热水器插座、书房计算机连插线板插座、厨柜台面两个备用插座。

1) 大多数家用电器有待机耗电。为了避免频繁插拔，类似于洗衣机插座、电热水器插座这类使用频率相对较低的电器可以考虑用带开关插座。

2) 如果觉得电饭锅、电热水壶这类电器两次任务之间插来拔去很麻烦，可以考虑在厨柜台面的备用插座中使用带开关插座。

3) 书房计算机连一个插线板基本可以满足计算机插头的应用需求，为了避免每天到写字台下面按插线板电源，可在书桌对面安装一个带开关插座。

2. 插头

插头按功能可分为耳机插头、DC插头、音频插头、USB插头、视频插头、麦克风插头、充电器插头、手机插头等。图7-43为各式各样的插头。

图7-43 各式各样的插头

国际上把家用电器分为三大类：一类电器是指只有一层绝缘措施的电器，这类电器必须加漏电保护器和接地保护（也就是要三脚插头），如空调、机床、电动机等；二类电器有双层绝缘措施，要加漏电保护器，可以不用接地保护（也就是可以用两脚插头），如电视、电风扇、台灯、电磁炉等；三类电器是使用安全电压的电器，一般为12~36V的电器。

7.4 照明电路的安装

7.4.1 照明电路安装的认识

1. 白炽灯的介绍及使用

白炽灯为热辐射光源，是靠电流加热灯丝至白炽状态而发光的。白炽灯有普通照明灯和低压照明灯两种。普通照明的灯额定电压一般为220V，功率为10~1000W，灯头有卡口和螺口之分，其中100W以上的一般采用瓷质螺纹灯口，用于常规照明。低压灯额定电压为6~36V，功率一般不超过100W，用于局部照明和携带照明。

白炽灯由玻璃泡壳、灯丝、支架、引线、灯头等组成。在非充气式灯泡中，玻璃泡内抽成真空；在充气式灯泡中，玻璃泡内抽成真空后再充入惰性气体。

白炽灯照明电路由负载、开关、导线及电源组成。白炽灯在额定电压下使用时，其寿命一般为1000h，电压升高5%时其寿命将缩短50%；电压升高10%时，其发光率提高17%，而寿命缩短为原来的28%。反之，当电压降低20%时，其发光率降低37%，但寿命增加一倍。因此，灯泡的供电电压以低于额定值为宜。

2. 白炽灯照明电路的安装

白炽灯安装的主要步骤与工艺要求如下：

1）木台的安装。先在准备安装挂线盒的地方打孔，预埋木枕或膨胀螺栓，然后在木台底面用电工刀刻两条槽，木台中间钻3个小孔，最后将两根电源线端头分别嵌入圆木的两条槽内，并从两边小孔穿出，通过中间小孔用木螺钉将圆木固定在木枕上。

2）挂线盒的安装。将木台上的电源线从线盒底座孔中穿出，用木螺钉将挂线盒固定在木台上，然后将电源线剥去2mm左右的绝缘层，分别旋紧在挂线盒接线柱上，并从挂线盒的接线柱上引出软线，软线的另一端接到灯座上，如图7-44（a）所示。因为挂线螺钉不能承担灯具的自重，所以在挂线盒内应将软线打个线结，使线结卡在盒盖和线孔处。灯座的打结方法如图7-44（b）所示。

3）灯座的安装。旋下灯头盖子，将软线下端穿入灯头盖中心孔，在离线头30mm处照上述方法打一个结，然后把两个线头分别接在灯头的接线柱上并旋上灯头盖子。如果是螺口灯头，相线应接在与中心铜片相连的接线柱上，否则易发生触电事故。

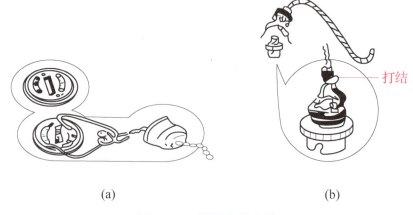

图 7-44　挂线盒的安装

（a）挂线盒接法；（b）灯座的打结方法

3. 开关控制线路的原理

照明线路由电源、导线、开关和照明灯组成。在日常生活中，可以根据不同的工作需要，用不同的开关来控制照明灯具。通常用一个开关控制一盏或多盏照明灯。有时也可以用多个开关控制一盏照明灯，如楼道灯的控制等，以实现照明电路控制的灵活性。

用一个单联开关控制一盏灯时，开关必须接在相线端，如图 7-45 所示。转动开关至"开"，电路接通，灯亮；转动开关至"关"，电路断开，灯熄灭。

4. 开关的安装

开关不能安装在中性线上，必须安装在灯具电源侧的相线上，确保开关断开时灯具不带电。开关的安装分明、暗两种方式。明开关安装时，应先敷设线路；再在装开关处打好木枕，固定木台，并在木台上装好开关底座；然后接线。暗开关安装时，首先将开关盒按施工图要求位置预埋在墙内，开关盒外口应与墙的粉刷层在同一平面上，在预埋的暗管内穿线；然后根据开关板的结构接线；最后将开关板用木螺钉固定在开关盒上，如图 7-46 所示。

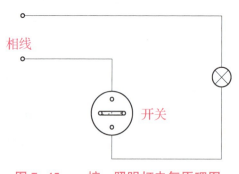

图 7-45　一控一照明灯电气原理图

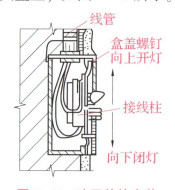

图 7-46　暗开关的安装

安装扳动式开关时，无论是明装还是暗装，都应装成扳柄向上扳时电路接通，扳柄向下扳时电路断开。安装拉线开关时，应使拉线自然下垂，方向与拉向保持一致，否则容易磨断拉线。

5. 插座的安装

插座的种类很多，按安装位置分有明插座和暗插座；按电源相数分有单相插座和三相插座；按插孔数分有两孔插座和三孔插座。目前，新型多用组合插座或接线板更是品种繁多，将插座与开关、开关与安全保护等合理地组合在一起，既安全又美观，在家庭和宾馆中广泛应用。

普通单相两孔插座、三孔插座的安装方法如图 7-47 所示。安装时，插线孔必须按一定顺序排列。单相两孔插座在两孔垂直排列时，相线在上孔，中性线在下孔；水平排列时，相线在右孔，中性线在左孔。对于单相三孔插座，保护接地（保护接零）线在上孔，相线在右孔，中性线在左孔。电源电压不同的邻近插座，安装完毕后都要有明显的标志，以便使用时识别。

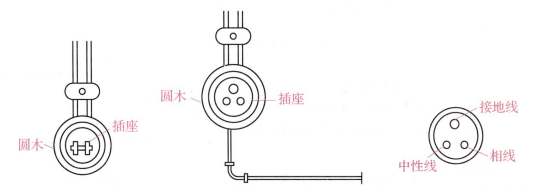

图 7-47　普通单相两孔插座、三孔插座的安装方法

7.4.2　照明电路常见故障及处理方法

表 7-2 为照明电路常见故障及处理方法。

表 7-2　照明电路常见故障及处理方法

序号	故障现象	故障原因	处理方法
1	灯泡不亮	1. 灯丝烧断； 2. 灯丝引线焊点开焊； 3. 灯头或开关接线松动、触片变形、接触不良； 4. 线路断线； 5. 电源无电或灯泡与电源电压不相符，电源电压过低，不足以使灯丝发光； 6. 行灯变压器一、二次绕组断路或熔丝熔断，使二次侧无电压； 7. 熔丝熔断、自动开关跳闸： 　（1）灯头绝缘损坏； 　（2）多股导线未拧紧，未刷锡引起短路； 　（3）螺纹灯头，顶芯与螺口相碰短路； 　（4）导线绝缘损坏引起短路； 　（5）负荷过大，熔丝熔断	1. 更换灯泡； 2. 重新焊好焊点或更换灯泡； 3. 紧固接线，调整灯头或开关的触点； 4. 找出断线处进行修复； 5. 检查电源电压，选用与电源电压相符的灯泡； 6. 找出断路点进行修复或重新绕制线圈或更换熔丝； 7. 判断熔丝熔断及断路器跳闸原因，找出故障点并做相应处理

续表

序号	故障现象	故障原因	处理方法
2	灯泡忽亮忽暗或熄灭	1. 灯头、开关接线松动，或触点接触不良； 2. 熔断器触点与熔丝接触不良； 3. 电源电压不稳定，或有大容量设备启动或超负载运行； 4. 灯泡灯丝已断，但断口处距离很近，灯丝晃动后忽接忽断	1. 紧固压线螺钉，调整触点； 2. 检查熔断器触点和熔丝，紧固熔丝压接螺钉； 3. 检查电源电压，调整负载； 4. 更换灯泡
3	灯光暗淡	1. 灯泡寿命快到，泡内发黑； 2. 电源电压过低； 3. 有地方漏电； 4. 灯泡外部积垢； 5. 灯泡额定电压高于电源电压	1. 更换灯泡； 2. 调整电源电压； 3. 查看电路，找出漏电原因并排除； 4. 去垢； 5. 选用与电源电压相符的灯泡
4	灯泡通电后发出强烈白光，灯丝瞬时烧断	1. 灯泡有搭丝现象，电流过大； 2. 灯泡额定电压低于电源电压； 3. 电源电压过高	1. 更换灯泡； 2. 选用与电源电压相符的灯泡； 3. 调整电源电压
5	灯泡通电后立即冒白烟，灯丝烧断	灯泡漏气	更换灯泡

思考与练习

简答题

1. 简述验电笔的使用注意事项。
2. 旧的电烙铁不能"吃锡"，如何处理才能正常焊接？
3. 家居照明电路应如何选择导线？
4. 家居照明电路的灯泡如果出现忽明忽暗的故障，请分析故障原因并阐述解决方法。

单元 8

车床控制线路

学习目标

1. 掌握电动机正、反转控制和降压启动控制线路。
2. 了解位置控制线路、顺序控制线路与多地控制线路。
3. 能识读车床电气控制线路图。
4. 会应用电工工具安装 CA6140 车床电气控制线路。

8.1 电动机正、反转控制线路

在机械加工中,很多生产机械的运动部件都需要向正、反两个方向运动,如机床工作台的前进与后退、万能铣床主轴的正转与反转、起重机的上升与下降等,这些需求均可由电动机的正、反转来实现。

当改变通入电动机定子绕组的三相电源相序,即把接入电动机三相电源进线中的任意两相对调接线时,电动机就可以反转。简单的控制线路应用倒顺开关直接使电动机做正、反转运动,但它只适用于电动机容量小,正、反转不频繁的场合。常用的控制电动机正、反转的方法是接触器联锁的正、反转控制线路。

图 8-1 为接触器联锁的正、反转控制线路,线路中采用了两个接触器 KM_1 和 KM_2,它们分别由正转按钮 SB_2 和反转按钮 SB_3 控制。由图 8-1 可知,两个接触器的主触头所接电源相序不同,KM_1 按 $L_1—L_2—L_3$ 相序接线,KM_2 则按 $L_3—L_2—L_1$ 相序接线。相应的控制电路有两条,一条是由按钮 SB_2 和 KM_1 线圈等组成的正转控制电路;另一条是由按钮 SB_3 和 KM_2 线圈等组成的反转控制电路。

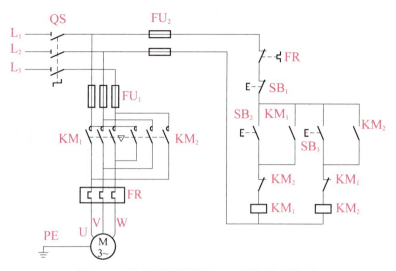

图 8-1　接触器联锁的正、反转控制线路

必须指出，接触器 KM_1 和 KM_2 的主触头绝不允许同时闭合，否则将造成两相电源（L_1 相和 L_3 相）短路事故。为了避免两个接触器 KM_1 和 KM_2 同时得电动作，在正、反转控制电路中分别串联了对方接触器的一对常闭辅助触头，这样，当一个接触器得电动作时，通过其常闭辅助触头使另一个接触器不能得电动作，接触器间这种相互制约的作用称为接触器联锁（或互锁）。实现联锁作用的常闭辅助触头称为联锁触头（或互锁触头），联锁符号用"▽"表示。

线路的工作原理如下（已合上 QS）。

1) 正转控制：按 SB_2 按钮 → 接触器 KM_1 线圈通电 →
 → KM_1 常闭联锁触头分断
 → KM_1 主触头闭合 → 电动机 M 正转。
 → KM_1 常闭自锁触头闭合

2) 反转控制：按 SB_3 按钮 → 接触器 KM_2 线圈通电 →
 → KM_2 常闭联锁触头分断
 → KM_2 主触头闭合 → 电动机 M 反转。
 → KM_2 常闭自锁触头闭合

停止时，按下 SB_1 → 控制电路失电 → KM_1（或 KM_2）主触头分断 → 电动机 M 失电停转。

通过以上分析可见，接触器联锁正、反转控制线路的优点是工作安全、可靠，缺点是操作不便。当电动机从正转变为反转时，必须先按下停止按钮后才能按反转启动按钮，否则由于接触器的联锁作用，不能实现反转。

为克服此线路的不足，可采用图 8-2 所示的按钮-接触器双重联锁的正、反转控制线路（动作原理读者可自行分析）。

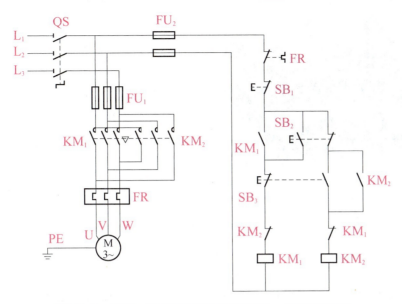

图 8-2　按钮-接触器双重联锁的正、反控制线路

8.2　位置控制线路

在生产过程中，一些生产机械运动部件的行程或位置受到限制，或需要其运动部件在一定范围内自动往返循环等，如在摇臂钻床、万能铣床、镗床、桥式起重机及各种自动或半自动控制设备中就经常遇到这种控制要求。实现这种控制要求所依靠的主要电气设备是位置开关（又称限位开关或行程开关）。

位置开关是一种小电流的控制电器。它利用生产设备某些运动部件的机械位移而碰撞操作头，使其触头产生动作，从而将机械信号转换成电信号，控制接通和断开其他控制电路，以实现机械运动的电气控制要求。位置开关通常用于限制机械运动的位置或行程，使运动机械实现自动停止、反向运动、自动往返运动、变速运动等控制要求。

位置开关一般由操作头、触头系统和外壳3部分组成。操作头接收机械设备发出的动作指令和信号，并将其传递到触头系统。触头系统将操作头传递的指令或信号变为电信号，输出到有关控制电路，进行控制。位置开关的结构形式很多，按其动作及结构可分为按钮式（又称直动式）、旋转式（又称滚轮式）、微动式3种，位置开关外形和电路符号如图8-3所示。

位置控制就是利用生产机械运动部件上的挡铁与位置开关碰撞，使其触头动作，来接通或断开电路，以实现对生产机械运动部件的位置或行程的自动控制。

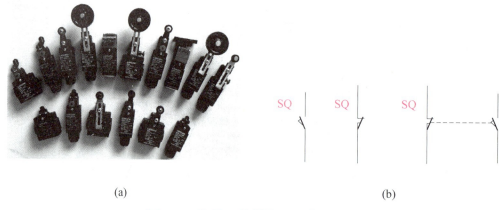

(a)　　　　　　　　　　　　　(b)

图 8-3　位置开关的外形和电路符号
(a) 外形；(b) 位置开关电路符号

位置控制线路如图 8-4 所示。工厂车间中的行车常采用这种线路，右下角是行车运动示意图，行车的两端终点处各安装一个位置开关 SQ_1 和 SQ_2，将这两个位置开关的常闭触头分别串联在正转和反转控制线路中。行车前后装有挡铁 1 和挡铁 2，行车的行程和位置可通过移动位置开关的安装位置来调节。

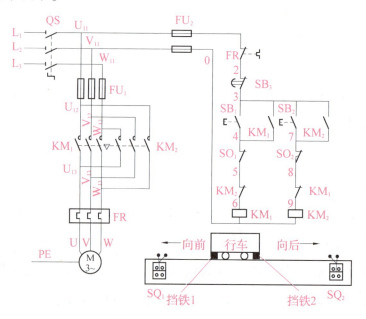

图 8-4　位置控制线路

线路的工作原理如下（已合上 QS）。

1) 行车向前运动：按下 SB_1 → KM_1 线圈得电 → KM_1 自锁触头闭合自锁
→ KM_1 主触头闭合 → 电动机 M 启动连续正转 →
→ KM_1 联锁触头分断对 KM_2 联锁

→ 行车前移移至限定位置，挡铁 1 碰撞位置开关 SQ_1 → SQ_1 常闭触头分断 →

→ KM_1 线圈失电 → KM_1 自锁触头分断触除自锁
→ KM_1 主触头分断 → 电动机 M 失电停转 → 行车停止前进
→ KM_1 联锁触头恢复闭合解除联锁

此时,即使再按下 SB_1,由于 SQ_1 常闭触头已分断,接触器 KM_1 线圈也不会得电,保证了行车不会超过 SQ_1 所在的位置。

2) 行车向后运动:按下 SB_2 → KM_2 线圈得电 →
- KM_2 自锁触头闭合自锁 → 电动机 M 启动连续正转 →
- KM_2 主触头闭合
- KM_2 联锁触头分断对 KM_1 联锁

→ 行车后移(SQ_1 常闭触头恢复闭合)→ 移至限定位置,挡铁 2 碰撞位置开关 SQ_2 →

→ SQ_2 常闭触头分断 → KM_2 线圈失电 →
- KM_2 主触头分断 → 电动机 M 失电停转行车停止后移
- KM_2 自锁触头分断,解除自锁
- KM_2 联锁触头恢复闭合,解除联锁

8.3 顺序控制线路与多地控制线路

在装有多台电动机的生产机械上,各电动机所起的作用是不同的,有时需按一定的顺序启动或停止,才能保证操作过程的合理和工作的安全、可靠。例如,X6132 型万能铣床要求主轴电动机启动后,进给电动机才能启动;M7120 型平面磨床要求砂轮电动机启动后冷却泵电动机才能启动。这种要求几台电动机启动或停止必须按一定的先后顺序来完成的控制方式称为顺序控制。

1. 主电路实现顺序控制

主电路实现顺序控制的线路如图 8-5 所示,线路的特点是电动机 M_2 的主电路接在 KM_1 主触头的下面,电动机 M_1 和 M_2 分别通过接触器 KM_1 和 KM_2 来控制,KM_2 的主触头接在 KM_1 主触头的下面,这样保证了在 KM_1 主触头闭合、电动机 M_1 启动后,M_2 才可能接通电源运转。

线路的工作原理如下(已合上 QS)。

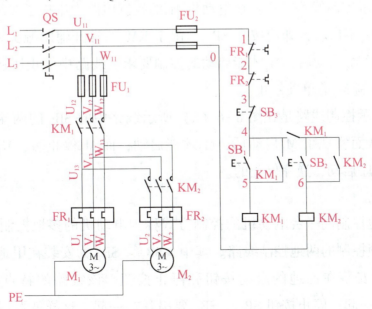

图 8-5 主电路实现顺序控制的线路

1) M_1 启动连续运转：按下 SB_1 → KM_1 线圈得电 →→ KM_1 主触头闭合 →
　　　　　　　　　　　　　　　　　　　　　　　　　→ KM_1 自锁触头闭合自锁

→ 电动机 M_1 启动连续运转。

2) M_2 启动连续运转：再按下 SB_2 → KM_2 线圈得电 → KM_2 主触头闭合 → 电动机 M_2 启动连续运转。
　　　　　　　　　　　　　　　　　　　　　　　　　→ KM_2 自锁触头闭合自锁

3) M_1、M_2 同时停转：按下 SB_3 → 控制电路失电 → KM_1、KM_2 主触头分断 → 电动机 M_1、M_2 同时停转。

2. 控制电路实现顺序控制

两种控制电路实现电动机顺序控制的线路如图 8-6 所示。

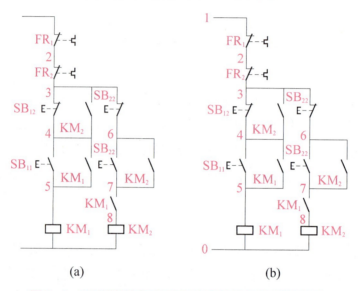

图 8-6　两种控制电路实现电动机顺序控制的线路

图 8-6（a）所示控制线路特点：在电动机 M_2 的控制电路中串接了接触器 KM_1 的常开辅助触头。显然，只要 M_1 不启动，即使按下 SB_{21}，由于 KM_1 的常开辅助触头未闭合，KM_2 线圈不能得电，从而保证了 M_1 启动后，M_2 才能启动的控制要求。线路中停止按钮 SB_{12} 控制两台电动机同时停止，SB_{22} 控制 M_2 的单独停止。

图 8-6（b）所示控制线路是在图 8-6（a）所示线路中的 SB_{12} 的两端并联了接触器 KM_2 的常开辅助触头，从而实现了 M_1 启动后，M_2 才能启动；而 M_2 停止后，M_1 才能停止的控制要求，即 M_1、M_2 是顺序启动，逆序停止的。

3. 多地控制线路

能在两地或多地控制同一台电动机的控制方式称为电动机的多地控制。图 8-7 为具有过载保护和接触器自锁控制的两地控制线路。其中，SB_{11}、SB_{12} 为安装在甲地的启动按钮和停止按钮，SB_{21}、SB_{22} 为安装在乙地的启动按钮和停止按钮。该线路的特点：两地的启动按钮 SB_{11}、SB_{21} 要并联在一起；停止按钮 SB_{12}、SB_{22} 要串联在一起。这样就可以分别在甲、乙两地启动和停止同一台电动机，达到操作方便的目的。

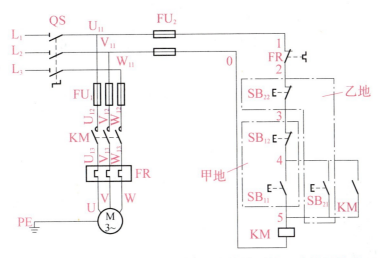

图 8-7　具有过载保护和接触器自锁控制的两地控制线路

对于三地控制或多地控制，只要把各地的启动按钮并联，停止按钮串联即可。

8.4　降压启动控制线路

前面介绍的各种控制线路启动时，加在电动机定子绕组上的电压为电动机的额定电压，属于全压启动（或直接启动），启动电流较大，为额定电流的 4~7 倍。在电源变压器容量不够大而电动机功率较大的情况下，直接启动将导致电源变压器输出电压下降，不仅会减小电动机的启动转矩，还会影响同一供电线路中其他电气设备的正常工作。因此，较大容量的电动机需采用降压启动。

降压启动是指利用启动设备将电压适当降低后加到电动机的定子绕组上进行启动，待电动机启动运转后，再使其电压恢复到额定值正常运转。

常见的降压启动方法有 4 种，即定子绕组串联电阻降压启动、自耦变压器降压启动、丫-△降压启动、延边△降压启动。下面主要讨论由时间继电器控制的丫-△降压启动控制线路。

时间继电器（电路符号：KT）是一种自动控制电器，它能使触头延时闭合或延时断开，从而达到机械运动的某些要求。时间继电器的种类很多，有空气阻尼式、电磁式、电动式、晶体管式等多种。下面介绍一种应用广泛、结构简单、延时范围较大的晶体管时间继电器。

JS14A 系列晶体管时间继电器 [图 8-8（a）] 是利用电子线路延时原理来获得延时动作的。根据触头的延时特点，它可以分为通电延时与断电延时两种。

时间继电器的电路符号 [图 8-8（b）] 比一般继电器复杂，其触头有 6 种情况，尤其对常开触头延时断开，常闭触头延时闭合，要仔细领会。

时间继电器控制的丫-△降压启动控制线路如图 8-8（c）所示。该电路由 3 个接触器、1 个热继电器、1 个通电延时继电器和 2 个按钮等组成。时间继电器用来控制丫降压启动时间和完成丫-△自动切换。

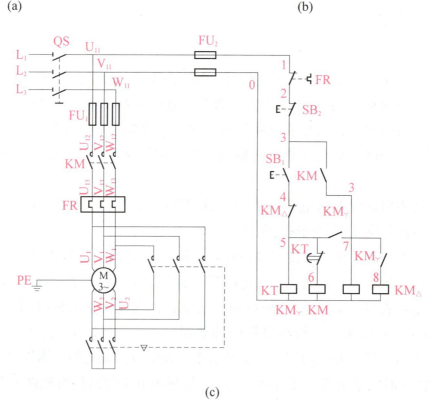

图 8-8 时间继电器 Y-△ 降压启动控制电路

(a) 外形；(b) 电路符号；(c) Y-△ 降压启动控制线路

该线路的工作原理如下（已合上 QS）。

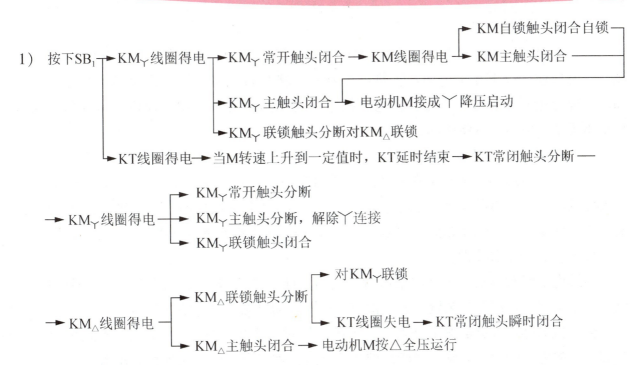

2) 停止时按下 SB_2 即可。

时间继电器延时时间（即电动机降压启动时间）的长短，由电动机的容量和启动时的负载情况决定，一般电动机的容量小、负载轻时，延时时间短些，反之长些。

8.5 电气控制系统在运行中的常见故障

1. 常见的电气故障及其简易处理方法

生产机械在生产过程中会产生各种故障，有些是电气故障，有些是机械故障，有些最初是机械故障，由于没有及时排除，而变成了电气故障，还有些是因为操作人员不遵守操作规程或误操作而引起的事故等。这就要求每一位机械操作人员，不仅要遵守机械的操作规程，还要懂得一些故障的判断方法，掌握一些简单的故障处理方法。

常见的电气故障有熔断器中熔体熔断、电动机不转、电动机发出嗡嗡声、接触器发出振动声、电动机运行时不能自锁、电动机运行后无法停转、电气控制箱冒烟等。对于这类故障应采取以下措施：

1）立即切断生产机械的电源线，确保生产机械不再带电。

2）检查生产机械的安全，如卷扬机是否有重物悬挂在上面，机床上刀架是否已退离工件等。

3）在生产机械上挂好警告牌，如"有故障，不准使用"的牌子，并及时向值班电工报告故障情况。

2. 常见的机械故障及其简易处理方法

以上所述是故障发生后的紧急处理方法。在日常生产过程中，操作人员要注意生产机械的运行情况，通过听、闻、看、摸等直接感受来监测机械的工作状态，及时发现隐患，防止事故的扩大与蔓延。常见的故障隐患主要有以下几种：

（1）电动机温升异常

操作人员可以经常用手摸电动机的外壳，热而不烫手是正常的，否则说明电动机存在问题，这时应注意以下几个方面：①热继电器的规格是否正确；②生产机械本身是否有故障，如齿轮配合过紧、机械卡住等；③电动机本身通风是否良好；④电动机轴承油封是否损坏，如轴承无油、润滑不良将引起升温。

（2）熔断器熔体经常熔断

熔体经常熔断必属于不正常的情况，说明线路中存在隐患，应仔细检查，决不可随意加大熔体的容量。熔体经常熔断可能有以下几方面的原因：①线路时有短路现象；②接触器主触头有烧毛现象，主触头间的胶木可能烧焦；③线路中导线的绝缘层被磨破，有时会对地短路。

（3）热继电器经常跳闸

热继电器经常跳闸，按复位按钮后，线路又能正常工作，说明线路存在故障隐患。热继电器是电动机的过载保护装置，所以检查方法同电动机温升过高情况相似。

生产机械操作人员虽然不是电工，不能直接对生产机械的电力部分进行维修，但是也应掌握一定的电工知识，对确保生产机械的正常运行和安全用电等起到积极作用。

8.6 CA6140 车床电气控制线路

CA6140 车床电气控制线路如图 8-9 所示。下面对线路中的各部分进行介绍。

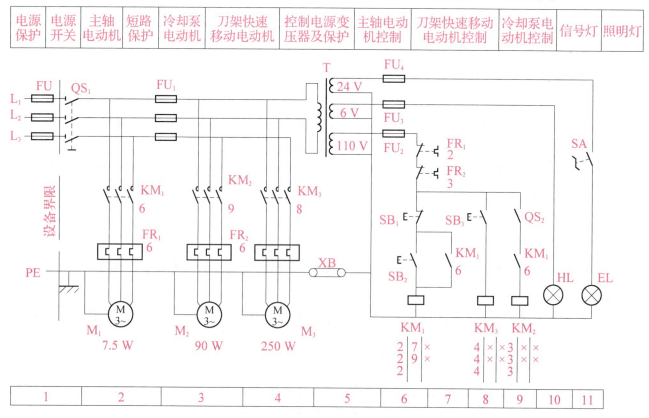

图 8-9　CA6140 车床电气控制线路

1. 主电路分析

在分析电气线路时，一般应先从电动机着手，根据主电路中包含哪些控制元器件的主触头、电阻等大致判断电动机是否有正、反转控制，制动控制，调速要求等。

主电路（图8-9中编号2、3、4）中共有3台电动机，M_1为主轴电动机。M_1、M_2、M_3均为三相异步电动机，容量均小于10kW，全部采用全压直接启动，都由交流接触器控制单向旋转。

2. 控制电路分析

通常对控制电路按照由上往下或由左往右的顺序依次阅读，可以按主电路的构成情况，把控制电路分解成与主电路相对应的几个基本环节，一个环节一个环节地分析，再把各个环节串起来。

控制电路（图8-9中编号为5、6、7、8、9）的主电路可以分成主轴电动机M_1、冷却泵电动机M_2和刀架快速移动电动机M_3这3个部分，其控制电路也可相应地分解成3个基本环节，外加变压电路、信号电路和照明电路。

1）主轴电动机控制：按下启动按钮SB_2，接触器KM_1的线圈得电动作，其主触头闭合，主轴电动机M_1启动运行。同时KM_1的自锁触头和另一对常开触头闭合。按下停止按钮SB_1，主轴电动机M_1停车。

2）冷却泵电动机控制：当QS_2闭合后，如果车削加工过程中，工艺需要使用冷却液时，在主轴电动机M_1运转情况下，接触器KM_1线圈得电吸合，其常开触头闭合，冷却泵电动机运行。由电气原理图可知，只有当主轴电动机M_1启动后，冷却泵电动机M_2才有可能启动，当M_1停止运行时，M_2也就自动停止。

3）刀架快速移动电动机控制：刀架快速移动电动机M_3的启动由按钮SB_3控制，它与KM_3组成点动控制环节。

3. 照明和信号电路分析

控制变压器T的二次侧分别输出24V和6V电压，作为机床照明灯和信号灯的电源。EL为机床的低压照明灯，由开关SA控制；HL为电源的信号灯。

4. 线路中的保护设置

1）短路保护：由熔断器FU实现主轴电动机M_1的短路保护，FU_1实现对冷却泵电动机M_2和刀架快速移动电动机M_3的短路保护，FU_2实现控制电路的短路保护，FU_3和FU_4分别实现照明和信号电路的短路保护。

2）过载保护：由热继电器FR_1、FR_2实现主轴电动机M_1、冷却泵电动机M_2的长期过载保护。

知识拓展

在实际检修过程中，CA6140车床中产生的电气故障是多种多样的，就是同一种故障现象，发生的部位也是不同的。因此，在检修时，不能生搬硬套，而应按不同的故障现象灵活分析，力求迅速、准确地找出故障点，查明故障原因，及时排除故障。

CA6140车床电气控制系统的常见故障及检修方法如表8-1所示。

表 8-1　CA6140 车床电气控制系统的常见故障及检修方法

故障现象	故障原因分析	故障排除与检修
车床电源自动开关不能合闸	（1）带锁开关没有将 QS_1 电源切断； （2）电箱没有关好	（1）将钥匙插入 SB，向右旋转，机床切断 QF 电源； （2）关上电箱门，压下 SQ_2，切断 QS_1 电源
车床主轴电动机接触器 KM 不能吸合	（1）传动带罩壳没有装好，位置开关 SQ_1 没有闭合； （2）带自锁停止按钮 SB_1 没有复位； （3）热继电器 FR_1 脱扣； （4）KM 接触器线圈烧坏或开路； （5）熔断器 FU_3 熔丝熔断； （6）控制线路断线或松脱	（1）重新装好传动罩壳，机床压迫限位； （2）旋转并拔出停止按钮 SB_1； （3）查出脱扣原因，手动复位； （4）用万用表测量检查，并更换新线圈； （5）检查线路是否有短路或过载，排除后按原有规格接上新的熔丝； （6）用万用表或灯逐级检查断在何处，查出后更换新线或装接牢固
车床主轴电动机不转	（1）接触器 KM 没有吸合； （2）接触器 KM 主触头烧坏或卡住造成断相； （3）主电动机三相线路个别线烧坏或松脱； （4）电动机绕组出现断线； （5）电动机绕组烧坏或开路； （6）机械传动系统咬死，使电动机堵转	（1）按故障 2 检查修复； （2）拆开灭弧罩查看主触头是否完好，机床是否有不平或卡住现象，调整或更换触头； （3）查看三相线路各连接点是否有烧坏或松脱，更换新线或重新接好； （4）用万用表检查，并重新接好； （5）用万用表检查，拆开电动机重绕； （6）拆去传送带，单独开动电动机，如果电动机正常运转，则说明机械传送系统中有咬死现象，检查机械部分故障。首先判断是否过载，可先将刀具退出，重新启动；如果电动机不能正常运转，再按照传动路线逐级检查
车床主轴电动机能启动，但断路器跳闸	（1）主回路有接地或相间短路现象； （2）主电动机绕组接地或匝间、相间有短路现象； （3）断相启动	（1）用万用表或兆欧表检查相与相及对地的绝缘状况； （2）用万用表或兆欧表检查匝间、相间及接地绝缘状况； （3）检查三相电压是否正常
车床主轴电动机能启动，但转动短暂时间后又停止转动	接触器 KM 吸合后自锁不起作用	检查 KM 自锁回路导线是否松脱，触头是否损坏
主轴电动机启动后冷却泵不转	（1）旋转开关 SB_4 没有闭合； （2）KM 辅助触头接触不良； （3）热继电器 FR_2 脱扣； （4）KM_1 接触器线圈烧毁或开路； （5）熔断器 FU_1 熔丝熔断； （6）冷却泵叶片堵住	（1）将 SB_4 扳到闭合位置； （2）用万用表检查触头是否良好； （3）查明 FR_2 脱扣原因，排除故障后手动复位； （4）更换线圈或接触器； （5）查明原因，排除故障后，换上相同规格熔丝； （6）清除铁屑等异物

续表

故障现象	故障原因分析	故障排除与检修
车床溜板快速移动电动机不转	（1）传动带罩壳限位 SQ_1 没有压迫； （2）停止按钮在自锁停止状态； （3）按钮 SB_3 接触不良； （4）电动机绕组烧坏； （5）熔断器 FU_2 熔断； （6）机械故障	（1）调整限位器距离与行程； （2）修理或更换停止按钮； （3）修理或更换按钮 SB_3； （4）重绕绕组或更换电动机； （5）检查短路原因并排除； （6）排除机械故障
机床照明灯 EL 不亮	（1）灯泡坏； （2）灯泡与灯头接触不良； （3）开关接触不良或引出线断开； （4）灯头短路或电线破损，对地短路	（1）更换相同规格的灯泡； （2）将此灯头内舌簧适当抬起再旋紧灯泡； （3）更换或重新焊接； （4）查明原因、排除故障后，更换相同规格熔丝
车床主轴电动机不能停转	（1）停止按钮 SB_1 的常闭触头短路； （2）接触器 KM_1 的铁芯面上的油污使铁芯不能释放； （3）KM_1 的主触头发生熔焊	（1）用万用表检查触头是否短路，若短路，修理更换常闭触头或停止按钮 SB_1； （2）打开接触器 KM_1，检查铁芯面上的油污情况，清理铁芯面上的油污或更换接触器 KM_1； （3）用万用表检查接触器 KM_1 触头是否熔焊短接，如果短接，清理接触器 KM_1 触头的熔焊点进行修复；如果触头的熔焊点不能清理修复，可以更换一只新的接触器 KM_1

注意：车床所有控制回路接地端必须连接牢固，并与大地可靠接通，以确保机床安全。

思考与练习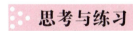

简答题

1. 设计：有两台电动机 M_1 和 M_2，要求 M_1 启动后 M_2 才能启动，M_2 停止后 M_1 才能停止，试画出其控制线路图。

2. 在什么条件下电动机可直接启动？在什么条件下电动机要降压启动？

3. 说明 Y-△降压启动控制线路的启动过程和时间继电器的作用。

4. CA6140 车床主轴电动机 M_1 不能启动，试分析其故障原因。

5. CA6140 车床合上冷却泵开关冷却泵电动机不能启动，试分析其故障原因。

参 考 文 献

[1] 邵展图. 电工学 [M]. 5版. 北京：中国劳动保障社会出版社，2011.

[2] 王卫平. 电子工艺基础 [M]. 3版. 北京：电子工业出版社，2011.

[3] 王英. 电工电子技术与技能：非电类通用 [M]. 北京：科学出版社，2010.

[4] 张仁醒. 电工技能实训教程 [M]. 4版. 西安：西安电子科技大学出版社，2018.

[5] 杨亚平. 电工技能与实训 [M]. 4版. 北京：电子工业出版社，2016.

[6] 邱勇进. 电工基础 [M]. 北京：化学工业出版社，2016.

[7] 张振文. 电工电路识图、布线、接线与维修 [M]. 北京：化学工业出版社，2018.

[8] 袁宝生. 家装水电工识图、安装、改造一本通 [M]. 北京：化学工业出版社，2020.

[9] 贾志勇. 电工基础知识 [M]. 北京：中国电力出版社，2013.

[10] 尹成江. 机电设备电气线路故障分析及处理 [J]. 科技创新与应用，2015（12）：161.

[11] 胡彦伦. 浅谈机床控制线路的教学及检修方法 [J]. 中外交流，2019（9）：68.